Strukturanalyse von lasergesinterten Schichtverbunden mit werkstoffmechanischen Methoden

Monika Blattmeier

Strukturanalyse von lasergesinterten Schichtverbunden mit werkstoffmechanischen Methoden

RESEARCH

Monika Blattmeier
München, Deutschland

Vollständiger Abdruck der von der Fakultät für Ingenieurwissenschaften,
Abteilung Maschinenbau der Universität Duisburg-Essen genehmigten Dissertation.
Referent: Prof. Dr.-Ing. habil. Gerd Witt
Korreferent: Prof. Dr.-Ing. Johannes Wortberg
Datum der mündlichen Prüfung: 22.12.2011

ISBN 978-3-8348-2500-1
DOI 10.1007/978-3-8348-2501-8

ISBN 978-3-8348-2501-8 (eBook)

Die Deutsche Nationalbibliothek verzeichnet diese Publikation in der Deutschen National-
bibliografie; detaillierte bibliografische Daten sind im Internet über http://dnb.d-nb.de
abrufbar.

Springer Vieweg

Einbandentwurf: KünkelLopka GmbH, Heidelberg

Gedruckt auf säurefreiem und chlorfrei gebleichtem Papier

Springer Vieweg ist eine Marke von Springer DE. Springer DE ist Teil der Fachverlagsgruppe
Springer Science+Business Media
www.springer-vieweg.de

Vorwort

> „There is nothing more deceptive than an obvious fact."
> (Arthur Conan Doyle, The Boscombe Valley Mystery)

Die vorliegende Arbeit entstand von 2008 bis 2011 im Rahmen meiner Tätigkeit in der Vorentwicklung und Integration additiver Fertigungsverfahren im Rapid Technologies Center der BMW AG.

Herrn Professor Dr.-Ing. habil. Gerd Witt, Inhaber des Lehrstuhls für Fertigungstechnik der Universität Duisburg-Essen, gilt mein besonderer Dank. Er hat mir nicht nur die Chance gegeben, mich anwendungsinspiriert mit der Wissenschaft auseinanderzusetzen, sondern mich dabei auch fachlich und persönlich begleitet.

Herrn Professor Dr.-Ing. Johannes Wortberg, Inhaber des Lehrstuhls für Konstruktionslehre und Kunststoffmaschinen der Universität Duisburg-Essen, danke ich für das Interesse, die Diskussionen vor dem Hintergrund der Kunststofftechnik und die Übernahme des Korreferats. Vor allem seine konstruktiven Hinweise zur Bearbeitung des Themas haben das Wesen der vorliegenden Arbeit ausgemacht.

Darüber hinaus möchte ich meinen Betreuern der BMW AG danken: Viele Ansätze gehen auf die Anregungen von Herrn Dr.-Ing. Jochen Töpker zurück. Durch ihn habe ich die Kraft der Präzision als Mittel gegen manche Verwirrung erfahren. Besonders im dritten Jahr meiner Untersuchung unterstützte mich weiter Herr Dipl.-Ing. Jan Eggert. Sein Blick für das Wesentliche, die Zuversicht seiner Einstellung und das Vertrauen, das er mir und meiner Arbeit entgegenbrachte, haben mich inspiriert.

Mein Dank gilt auch zahlreichen Kollegen der BMW AG: Bedeutende Versuche wurden durch die Ideen von Nicoline Muehlmeier, Dr. Frank Woellecke und Dr. Nicolai Skrynecki angestoßen. Darüber hinaus habe ich die Hilfsbereitschaft und Aufmunterungen meiner direkten Kollegen im Rapid Technologies Center zu schätzen gelernt, u. a. von Christian Behr, Christian Fackler, Martin Missbichler, Manuel Rogall und Romould Siegert. Kollegen aus unterschiedlichen Fachbereichen der BMW AG ermöglichten es mir auf ihren technologischen Erfahrungen aufzubauen. So wurden verschiedene Tests über das Kunststofftechnikum, die Fachbereiche Entwicklung Mechatronik (Alexander Giebhardt), Absicherung Cockpit (Rainer Hucke) und Technologie Oberfläche (Heike Schubert, Cornelia Noppe) durchgeführt. Ich bedanke mich weiter bei Fabian Schrickel, Kathrin de Buhr, Daniel Blauwitz, Martin Fleischmann und Hartmut Traub für den Beitrag ihrer Diplomarbeiten.

Den Firmen Mankiewicz Gebr. & Co. und Freudenberg Forschungsdienste KG sowie dem Lehrstuhl für Polymere Werkstoffe der Universität Bayreuth und dem Zentrum für Kunststoffanalyse und -prüfung des Instituts für Kunststoffverarbeitung danke ich für die Durchführung von Untersuchungen, die Diskussionen und die daraus hervorgegangenen Impulse.

Schließlich bin ich sowohl meiner Familie als auch Rolf und Theresia Brombacher, Regina Brunnhuber, Karl-Heinz Genick, Dr. Ulrich Koch, Christian Obst, Ingo Rottler, Alexander Schepanski, Helena Tafelmayer und Dr. Maria v. Tippelskirch dafür dankbar, dass sie mir mit Rat und Tat zur Seite standen.

Monika Blattmeier

Inhaltsverzeichnis

Vorwort   **V**

Abkürzungen, Formelzeichen und Indizes   **IX**

1 Einleitung   **1**

1.1 Bedarf an Technologien für die wirtschaftliche Kleinserienfertigung . .   1

1.2 Relevanz der gezielten Verwendung von lasergesinterten Kunststoffen ·   3

1.3 Wirkprinzip lasergesinterter Schichtverbunde aus Kunststoff   6

1.4 Betrachtung der Oberflächen- und Schichtstruktur   8

2 Leistungsvermögen lasergesinterter Kunststoffbauteile (Automobilbau)   **9**

2.1 Anforderungen an Bauteile aus Kunststoff   9

    2.1.1 Mechanisches Leistungsvermögen   10

    2.1.2 Funktionalität von Kunststoffoberflächen   11

2.2 Materialkennwerte auf Basis der Spritzgieß-/Lasersintertechnologie . .   12

2.3 Lasergesinterte Bauteile in Funktionsprüfungen   14

    2.3.1 Ausgewählte Funktionsprüfungen nach Lastenheft   15

    2.3.2 Mechanische Beanspruchung bei variierender Schichtorientierung   16

2.4 Oberflächeneigenschaften lasergesinterter Bauteile   20

    2.4.1 Mechanisch-technologische Eigenschaften   21

    2.4.2 Ästhetik von lasergesinterten Oberflächen   25

2.5 Zusammenfassung   29

3 Kenntnisse über lasergesinterte Schichtstrukturen   **31**

3.1 Entstehung der Schichtstruktur im Lasersinterprozess   31

    3.1.1 Aufschmelzen und Erstarren   31

    3.1.2 Entwicklung der Temperaturverteilung   37

3.2 Die lasergesinterte Schichtstruktur aus Produktsicht   41

    3.2.1 Verbindungsmechanismen   41

    3.2.2 Oberflächenbeschaffenheit und anisotropes Werkstoffverhalten   44

3.3 Zusammenfassung   47

4 Verwendete Fertigungs- und Prüfprozesse   **49**

4.1 Bauteilherstellung   49

    4.1.1 Anlagentechnik   49

    4.1.2 Prozessparameter   52

4.2 Bauteilprüfung   55

    4.2.1 Referenz der Schichtstruktur zum Koordinatensystem   56

    4.2.2 Werkstoffmechanische Prüfungen   57

5 Makroskopische Untersuchung der Oberflächenausbildung   **63**
5.1   Charakterisierung von Oberflächensprüngen in Baufortschrittsrichtung   63
5.2   Theorie der Volumenelementausbildung 65
5.3   Prozesstechnische Zusammenhänge 67
     5.3.1   Globale Pulverbetttemperatur einer Schicht (System I) 67
     5.3.2   Lokale Pulverbetttemperatur eines Volumenelements (System II) 75
     5.3.3   Superpositionen bei Fill- und Konturbelichtung 77
5.4   Auswirkungen des Stufeneffekts auf Bauteileigenschaften 80
5.5   Bedeutung der Oberflächenstruktur: Zusammenfassung und Fazit . . 82

6 Makromechanische Strukturanalyse (Verformungsverhalten)   **87**
6.1   Phänomen der Anisotropie mechanischer Eigenschaften 87
6.2   Definition des Materialmodells 88
     6.2.1   Mikroskopische Analyse lasergesinterter Schichtverbunde . . . 89
     6.2.2   Abgrenzung von geschichteten Werkstoffen 92
6.3   Ableitung von Kenngrößen für lasergesinterte Schichtverbunde 94
     6.3.1   Verformung von Faserverbund-Kunststoffen 95
     6.3.2   Grenzschichten bei Klebverbunden 97
     6.3.3   Ermüdung homogener und heterogener Kunststoffe 100
6.4   Wirksamkeit der Schaltung von Volumenelementen 102
6.5   Wirksamkeit der Grenzschichten 105
     6.5.1   Fläche der Grenzschichten 105
     6.5.2   Relativer Volumenanteil von Grenzschichten 106
     6.5.3   Verteilung der Grenzschichten 110
6.6   Zusammenfassung 114

7 Mikromechanische Strukturanalyse (Bruchverhalten)   **115**
7.1   Bewertungskriterien der Risszähigkeit 115
7.2   Ermüdungsrissausbreitung in lasergesinterten Schichtverbunden . . . 117
     7.2.1   Heterogenität von Volumenelementen und Grenzschichten . . . 118
     7.2.2   Einfluss der Phasenanzahl auf die Risszähigkeit 121
7.3   Zusammenfassung 124

8 Versagensverhalten infolge einer systematischen Bauteilfertigung   **125**

9 Konsequenzen für die Produkt- und Technologieentwicklung   **131**
9.1   Zusammenfassung der Untersuchungen 131
9.2   Schlussfolgerungen 133

A Anhang   **137**

Literatur   **149**

Abkürzungen, Formelzeichen und Indizes

Abkürzungen

z-Richtung	Baufortschrittsrichtung (Schichtrichtung)
(x, y)-Ebene	Schichtebene
2D, 3D	Zwei-, dreidimensional
2K	2-Komponenten
ABS	Acrylnitril-Butadien-Styrol-Terpolymere
CAD	Computer Aided Design
CO_2	Kohlendioxid
CT	Compact Tension
DSC	Differential Scanning Calorimetry
EDX	Energiedispersive Röntgenspektroskopie
FMVSS	Federal Motor Vehicle Safety Standard
i. O.	In Ordnung (Anforderung wird erfüllt)
n. i. O.	Nicht in Ordnung (Anforderung wird nicht erfüllt)
PA 12	Polyamid 12
PC	Polycarbonat
POM	Polyoxymethylen
PVD	Physikalisches Dampfphasenabscheiden
r. F.	Relative Feuchte
RP	Rapid Prototyping
SA	Standardabweichung
UD-Schicht	Unidirektionale Schicht

Formelzeichen

ψ	Porosität einer Pulverschüttung
α	Winkel zwischen dem Bauteil-Koordinatensystem und der (x, y)-Ebene des Bauraum-Koordinatensystems / Schäftungswinkel einer Klebung
α_ν	Absorptionsgrad bei der Wellenzahl ν
Δh_m	Spezifische Schmelzenthalpie
Δ	Änderung
$\dot{Q}$	Wärmestrom
η	Viskosität
γ	Verschiebungswinkel einer Klebschicht (Schubverformung)
γ_i	Überlappungsvariable der Intensitätsüberlagerungen
Λ	Werkstoffdämpfung bei dynamischer Beanspruchung
λ	Wärmeleitfähigkeit

ν	Wellenzahl
ρ	Dichte
ρ_ν	Reflexionsgrad bei der Wellenzahl ν
σ	Spannung
σ_a	Spannungsausschlag
σ_M	Zugfestigkeit
σ_m	Mittelspannung
σ_o	Oberspannung
σ_S	Oberflächenspannung
σ_u	Unterspannung
$\tan\gamma$	Gleitung einer Klebschicht (Schubverformung)
τ	Schubspannung
τ_R	Relaxationszeit
τ_ν	Transmissionsgrad bei der Wellenzahl ν
θ	Winkel zwischen dem Normalenvektor der Oberfläche und der Baufortschrittsrichtung z
ε	Dehnung
ε_ν	Emissionsgrad bei der Wellenzahl ν
ε_B	Bruchdehnung
ε_{el}	Elastischer Dehnungsanteil
ε_{ve}	Viskoelastischer Dehnungsanteil
ε_v	Viskoser Dehnungsanteil
φ	Relativer Grenzschichten-Volumenanteil
$\boldsymbol{n}$	Normalenvektor
$\boldsymbol{r}$	Tangentenvektor
A	Fläche
a	Risslänge
a_h	Hatchabstand: Abstand paralleler Laserbahnen
A_k	Arrheniuskoeffizient
a_{3ms}	Verzögerung im Kopfaufschlagversuch
C	Proportionalitätskoeffizient
c	Spezifische Wärmekapazität
D	Fokusdurchmesser
d	Verschiebung einer Klebschicht
D_x, D_y, D_z	Durchmesser der Partikel-Verbindungsstellen
da/dN	Rissausbreitungsgeschwindigkeit
E	Elastizitätsmodul
E_a	Aktivierungsenergie
E_F	Flächenenergiedichte
E_I	Extinktionskoeffizient (entsprechend dem Lambertschen Gesetz)
E_V	Maß für die Volumenenergiedichte der Belichtung durch den Laserstrahl (Füllen)
$E_{V,O1...O5}$	Volumenenergiedichte diverser Prozesseinstellungen zur Analyse der Oberflächenstruktur
$E_{V,S1...S5}$	Volumenenergiedichte diverser Prozesseinstellungen zur Analyse der Schichtstruktur

$f(a/W)$	Geometriefunktion abhängig von der Probekörpergeometrie
$F...F'$	Kraft
G	Energiefreisetzungsrate
g	Normalfallbeschleunigung
G_c	Kritische Energiefreisetzungsrate
H	Höhe der aufgetragenen Schicht vor Beginn der Schwindungsvorgänge
h	Schichtdicke nach den Schwindungsvorgängen
h_S	Konstante Schichtstärke im additiven Bauprozess
I	Ortsabhängige Intensität des Laserstrahls
i	Überlaufzahl der Laserbahnen
I_0	Maximale Anfangsintensität des Laserstrahls im Strahlzentrum
K	Spannungsintensitätsfaktor
k	Stefan-Boltzmann Konstante
k'	Sinterrate
K_c	Kritischer Spannungsintensitätsfaktor
K_{th}	Thresholdwert: Für die Rissinitiierung erforderlicher Spannungszustand
L	Vektorlänge für einen Scanvorgang
l, b, h	Abmessungen einer lasergesinterten Schicht/UD-Schicht/Klebschicht
M_b	Biegemoment
m_F	Masse der festen Pulverpartikel (unaufgeschmolzen)
m_S	Masse des aufgeschmolzenen Pulvers
N	Schwingspielzahl
n	Schichtzahl (Zählindex für die Einzelschicht-Nummer)
P	Leistung des Laserstrahls in Bezug auf den Strahlquerschnitt
p	Druck
P_H	Heizleistung
q	Spezifische Wärmemenge
Q_H (Q_{H1}, Q_{H2})	Zugeführte Wärmemenge (Heizung)
Q_L	Zugeführte Wärmemenge (Laserstrahl)
Q_{ab}	Abgeführte Wärmemenge
Q_T	Zugeführte Wärmemenge durch Wärmetransportmechanismen
Q_{zu}	Zugeführte Wärmemenge
R	Spannungsverhältnis
r	Abstand von der Rissspitze
R_m	Allgemeine Gaskonstante
r_P	Partikelradius
Ra	Arithmetischer Mittenrauhwert
s	Abweichung des Oberflächenprofils von der Sollkontur
$sRz25$	Gemittelte Rautiefe (arithmetisches Mittel) von fünfundzwanzig aneinander liegenden Einzelmessflächen
T	Temperatur
t	Zeit
T_0	Prozesskammertemperatur
t_B	Belichtungszeit

T_c	Kristallisationstemperatur analog T_{pc}
t_c	Beschichtungszeit
t_d	Verzögerungszeit (Delay): Zeitspanne zwischen zwei Energieimpulsen
t_e	Einwirkzeit des Laserstrahls
T_G	Globale Temperatur der Pulverbettoberfläche (Messwert des Pyrometers)
T_g	Glasübergangstemperatur
t_H	Heizzeit
T_L $(T_{a1...b2})$	Lokale Pulverbetttemperaturen
T_m	Kristallitschmelztemperatur analog T_{pm}
T_S	Temperatur der Probenoberfläche
T_{pc}	Peaktemperatur gem. DSC im Kristallisationsbereich
T_{pm}	Peaktemperatur gem. DSC im Schmelzbereich
V	Volumen
v	Belichtungsgeschwindigkeit
W	Widerstandsmoment
w	Relativer Masseanteil der Schmelze
W_S	Speicherarbeit bei dynamischer Werkstoffbeanspruchung
W_V	Verlustarbeit bei dynamischer Werkstoffbeanspruchung
z_I	Lauflänge des Laserstrahls im Material (Eindringtiefe)

Indizes

0	Ausgangszustand
$\parallel, \perp$	Koordinatensystem der Werkstoff-Beanspruchung: Längs und quer zur lasergesinterten Schicht/UD-Schicht/Klebschicht
F	Faser
ges	Gesamtwert
GS	Grenzschicht
K	Einstellungsparameter der Konturbelichtung
M	Matrix
max	Maximalwert
MW	Mittelwert
SV	Schichtverbund
VE	Volumenelement
x', y', z'	Koordinatensystem eines Bauteils
x, y, z	Koordinatensystem des Bauraums

1 Einleitung

1.1 Bedarf an Technologien für die wirtschaftliche Kleinserienfertigung

„The ability to provide your customers with anything they want profitably" [1], eine Definition der kundenindividuellen Massenproduktion (engl. Mass Customization) aus den 1990er Jahren, bedeutet für Industriebetriebe noch heute ein idealistisches Ziel. In der betrieblichen Praxis steht Mass Customization eher für die Nutzung von flexiblen Produktionsprozessen und organisatorischen Strukturen um kundenindividuelle Produkte zum Preis von Massenprodukten herzustellen [2]:

Die Kundennähe Mit dem Beginn der Informationsgesellschaft im Ausgang des 20. Jahrhunderts entstanden neue Wettbewerbsbedingungen, die zu einem verschärften Wettbewerb und gleichzeitig zu wachsenden Kundenwünschen geführt haben [2]. Auf die zunehmend heterogene Nachfrage reagieren Hersteller teilweise mit Einzelfertigung, teilweise mit Produktdifferenzierung in Form von Variantenfertigung. Beim letzteren Produktionskonzept wird auf die Bedürfnisse von verschiedenen, aber in sich homogenen Nachfragegruppen durch das Angebot von zeitlich parallelen Produktvarianten eingegangen. In der Automobilindustrie verfolgt beispielsweise die BMW Group das Ziel, „individuelle Mobilität mit Premium-Produkten und Premium-Dienstleistungen" [3] anzubieten. Beim Blick auf die verkauften Fahrzeuge der Jahre 2000 und 2010 [4, 5] fällt auf, dass lediglich die neu hinzugekommenen Modelle mehr Käufer gefunden haben. Hingegen blieben die Zahlen der Modelle des Kernsegments, 3er, 5er, 7er, annähernd konstant (s. Bild 1.1). In Summe konnten also mit zusätzlichen Modellen in 2010 mehr Fahrzeuge der Marke BMW abgesetzt werden. Neben dem Angebot an Fahrzeug-Derivaten wird Individualität mit wählbaren Fahrzeug-Ausstattungsoptionen ermöglicht: Beispielsweise enthielten die meisten Fahrzeuge der Rolls-Royce Phantom-Familie, die in 2010 gefertigt und verkauft wurden, personalisierte Ausstattungselemente basierend auf dem Bespoke Programm (s. Bild 1.2) [6]. Die zunehmenden Möglichkeiten der Fahrzeugindividualisierung über Derivate oder Ausstattungsoptionen verdeutlichen den Trend zur Personalisierung von Produkten: Durch die Ausweitung des Produktportfolios konnten erstens mehr Kunden angesprochen werden und zweitens reduzierten sich die Stückzahlen von neu hinzugekommenen Modellen.

Die Effizienz Die Variantenfertigung als Produktionskonzept lässt sich zwischen der Einzelfertigung (Manufaktur) und der Großserienfertigung (Industrielle Massenproduktion) einordnen. Auf Produktebene wird mit der Einzelfertigung die Individualisierung angestrebt, mit der Großserienfertigung die Standardisierung. Die Produktionsbedingungen entsprechen heute noch oftmals denen der klassischen

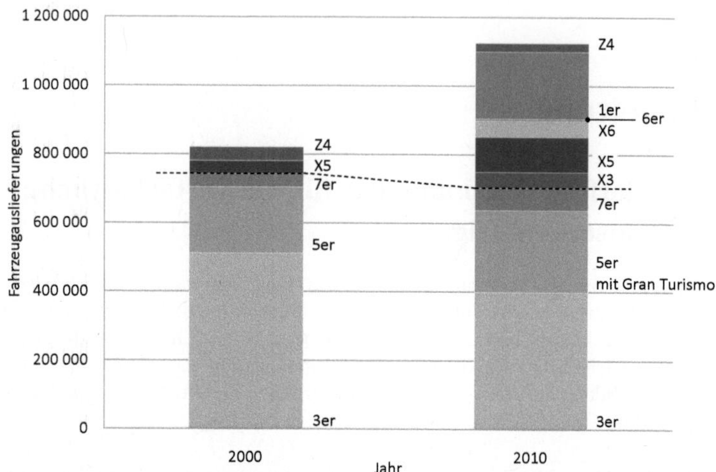

Bild 1.1: Absatzsteigerung mit zusätzlichen Modellen der Marke BMW zwischen 2000 und 2010 [4, 5].

Massenproduktion, die auf das Prinzip der „Economies of Scale" und damit auf Skalenvorteile baut [2, 7]. Folglich würde eine kundennahe Produktherstellung in einem Massenfertigungsbetrieb erhebliche „Komplexitätskosten" [2, 8] erzeugen. In diesen Fällen wird ein breiter gefasstes Produktionskonzept benötigt, beispielsweise mit flexiblen Produktionsstrukturen oder Fertigungstechniken [9].

Gerade in der Automobilindustrie wird im Bereich der Produktion das Prinzip der Modularisierung verfolgt [2, 10]. Module bestehen aus standardisierten Bauteilen und Komponenten, die verschiedenartig kombiniert werden und so zu kundenspezifischen Lösungen führen können. Bei der Bildung von Modulen stehen Überlegungen der Montage im Vordergrund. Bauteile sind im Gegensatz zu Modulen nicht weiter zerlegbar, bilden aber trotzdem funktionale und geometrische Einheiten. Es stellt sich die Frage, wie auf Basis der Verarbeitung von Rohstoffen eine flexible Bauteilherstellung ermöglicht werden kann.

Bild 1.2: Individualisierung von Fahrzeugen der Phantom-Modellreihe über Ausstattungselemente im Rolls-Royce Bespoke Programm [6].

1.2 Relevanz der gezielten Verwendung von lasergesinterten Kunststoffen

Die Überwindung des klassischen Zielkonflikts zwischen Produktivität und Flexibilität erscheint mit additiven Fertigungsverfahren möglich, deren Verfahrensprinzip im Allgemeinen darin besteht, physische Bauteile auf Basis von dreidimensionalen CAD-Modellen direkt, also ohne den Einsatz eines Werkzeugs, zu fertigen [11–13]. Verglichen mit konventionellen Fertigungstechnologien, die auf starren Produktionsstrukturen beruhen, stellen sich die Wechselkosten [2] additiver Fertigungsverfahren als unabhängig von der Stückzahl dar (s. Bild 1.3). Wechselkosten, die durch Rüstvorgänge und Stillstandszeiten bei der Produktionsumstellung verursacht werden, gehören zu den Gesamtkosten eines Produktes. Die Gesamtkosten umfassen konkreter die mit der Ausbringungsmenge veränderlichen Kosten (variable Kosten) und die vom Auslastungsgrad der Fertigungskapazitäten unabhängigen Kosten (fixe Kosten). Verschiedene Erfahrungen in der Praxis bestätigen, dass beispielsweise mit Verwendung der Lasersintertechnologie wirtschaftliche Vorteile besonders bei kleinen Stückzahlen erzielt werden können (s. Bild 1.3 b). Damit scheinen additive Fertigungsverfahren in der Lage zu sein, gerade dynamische und komplexe Bedarfssituationen effizient zu bewältigen.

Zur produktionstechnischen Sichtweise kommt nun die physikalische Verfahrensbeschreibung hinzu, da aufgrund ausreichender mechanischer Eigenschaften lasergesinterte Bauteile vereinzelt bereits für die Herstellung von Endprodukten in Kleinserien verwendet werden [14]. Als additives Fertigungsverfahren basiert das Lasersinterverfahren auf dem Schichtbauprinzip: Zunächst werden dreidimensionale CAD-Modelle von Bauteilen in Schichten (Volumenelemente) umgewandelt. Im Lasersinterprozess werden diese definierten Schichten durch Auf- und Verschmelzen eines thermoplastischen Kunststoffpulvers infolge der Belichtung mit einem Laserstrahl in der (x, y)-Ebene erzeugt und sequenziell mit weiteren Schichten in z-Richtung verbunden (s. Bild 1.4). Die Baufortschrittsrichtung (Schichtungsrichtung) entspricht dabei stets der z-Richtung. Aus den Prozessbedingungen resultieren nicht nur die Bauteilgeometrie, sondern auch die werkstofflichen Eigenschaften [15, 16].

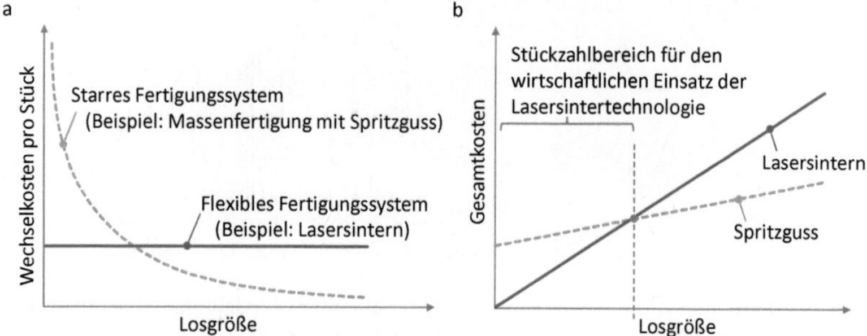

Bild 1.3: Reduzierung von Wechselkosten durch den Einsatz flexibler Produktionstechnologien. - a) Stückzahlunabhängigkeit der Wechselkosten [2, 17, 18]; b) Stückzahlbereich für die wirtschaftliche Fertigung.

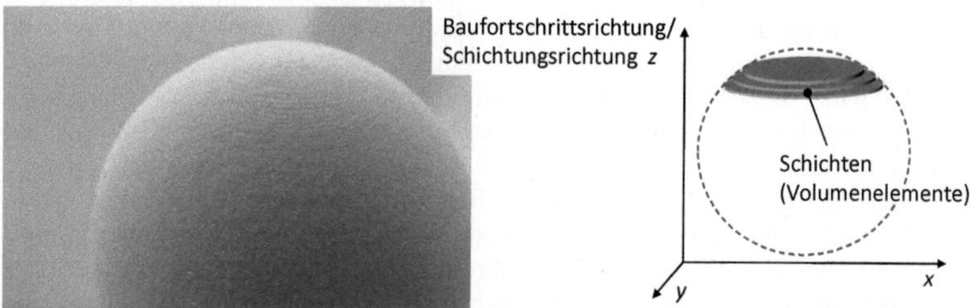

Bild 1.4: Verfahrensprinzip der additiven Fertigung am Beispiel das Lasersinterns: Definition von Volumenelementen und der Baufortschrittsrichtung z (Schichtungsrichtung).

Aufgrund der bislang beschränkten Erfahrungen mit lasergesinterten Bauteilen in Endkunden-Anwendungen, interessiert an dieser Stelle, wie das Lasersinterverfahren für die Serienfertigung von Bauteilen eines Fahrzeugs qualifiziert und in die Entwicklungsprozesse integriert werden kann. Zwischen der Entwicklung und dem Einsatz eines neuen Werkstoffs, dessen Struktur beispielhaft auf den Verarbeitungsbedingungen einer neuen Technologie beruht, liegt oftmals eine langwierige Prozesskette verschiedener Entwicklungszyklen. Die Entwicklungsprozesse lassen sich dabei in die Technologie- und in die Produktentwicklung (Produktentstehungsprozess) unterscheiden (s. Bild 1.5):

Technologieentwicklung In der Regel sind Technologieentwicklungen generisch, entstehen aus dem Interesse des Unternehmens heraus und werden damit nicht von Kunden getrieben. Bis die Serienreife einer neuen Technologie sichergestellt werden kann, sind viele Entwicklungszyklen nötig. Solange es keinen konkreten Bezug zu einem Produkt gibt, fehlt es neben Praxiserfahrungen - verglichen mit herkömmlichen Technologien - auch an Vorgaben hinsichtlich relevanter Prozesskenngrößen und Produktmerkmale [10].

Produktentwicklung Im Gegensatz zur Technologieentwicklung kann die Produktentwicklung wesentlich zielorientierter erfolgen und wird in hohem Maß von Kunden und Vertrieb beeinflusst. Die Anzahl der Entwicklungszyklen, die für die Serienreife eines Produktes benötigt wird, hängt davon ab, ob es sich um eine Neu-, Weiter- oder Anpassentwicklung handelt. Die Neuentwicklung setzt im Vergleich zur Weiter- und Anpassentwicklung nicht auf einem bestehenden Produkt auf. Innovationen in Form von Neuentwicklungen durchlaufen alle Produktentwicklungsphasen. Sollten für die Materialstruktur von lasergesinterten Kunststoffen neue Konstruktionsrichtlinien gelten, so können diese beispielsweise mit geringerem Aufwand umgesetzt werden. Weiter- und Anpassentwicklungen finden zu einem späteren Zeitpunkt im Produktentstehungsprozess statt. Von einer Technologie, die in dieser Phase in einem Produkt angewendet werden soll, wird ein hoher Reifegrad gefordert. Zum einen wird die Bauteilkonstruktion in der Regel nicht mehr oder nur geringfügig angepasst wird. Zum anderen muss das Produkt auf Basis einer neuen Technologie qualifiziert und freigeprüft werden [10, 19, 20].

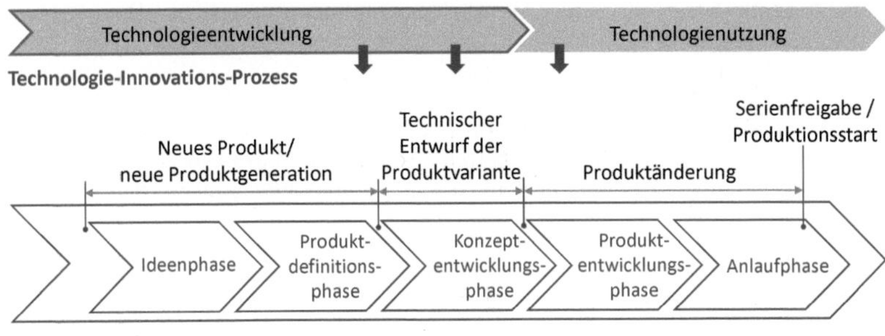

Bild 1.5: Möglichkeiten der Integration von neuen Technologien in die Produktentwicklung (ähnlich bei [10, 20]).

Neue Werkstoffe und Verarbeitungsverfahren werden also einerseits durch die Technologieentwicklung für den Serieneinsatz vorbereitet, andererseits hängt deren Verwendung in einem Produkt davon ab, welche Möglichkeiten der Produktentstehungsprozess und das jeweilige Bauteil zulassen. Die Absicht der vorliegenden Arbeit besteht darin, die Lasersintertechnologie als ein neuartiges Kunststoffverarbeitungsverfahren für die Herstellung von Endprodukten gezielt anzuwenden. Dafür bedarf es vor allem der Kenntnis über die Charakteristik lasergesinterter Kunststoffstrukturen. Schließlich hängt die Zweckmäßigkeit der Technologieentwicklung von den Erfahrungen mit der Integration des Lasersinterverfahrens in die Produktentwicklung ab.

1.3 Wirkprinzip lasergesinterter Schichtverbunde aus Kunststoff

Die Freigabe einer Fertigungstechnologie für die Serienfertigung erfolgt stets am Bauteil vor dem Produktionsstart des Fahrzeugs. Allgemeine Kriterien orientieren sich an der Wirtschaftlichkeit und der Flexibilität des Fertigungsverfahrens (s. Bild 1.3), der Wiederholgenauigkeit des Prozesses wie auch an der Bauteilfunktionalität [21]. Dabei dient oftmals der technologische Reifegrad als Hilfsmittel um Risiken und Chancen einer alternativen Fertigungstechnologie in Bezug auf eine spezifische Serienanwendung zu bewerten [20, 22].

Die Feststellung der physikalischen Eignung [23] einer Fertigungstechnologie und deren resultierende Werkstoffstruktur erfolgt in der Regel nicht über einen als absolut geltenden Maßstab, sondern vielmehr in einem Spannungsfeld zwischen Systemanforderungen und der Bauteilfunktionalität (auch in [24, 25]):

- Die Funktionalität des Bauteils (s. Bild 1.6) ergibt sich dabei durch Kombination des Ausgangswerkstoffs, seiner Verarbeitung und der vorgesehenen Bauteilgeometrie (nach [15, 26, 27]).

- In Abhängigkeit der Anwendung werden an das Bauteil unterschiedliche Anforderungen gestellt, die in Lastenheften festgelegt und von der übergeordneten Komponente, dem Modul oder dem Gesamtfahrzeug bestimmt werden [28].

In Bezug auf lasergesinterte Bauteile fällt verschiedentlich deren richtungsabhängiges Verhalten auf [29], wie folgendes Beispiel verdeutlichen soll: In einem Prinzipversuch wurde des Verformungsverhalten lasergesinterter und spritzgegossener Schnapphaken aufgezeichnet. Als Geometrie diente der Schnapphaken des Strukturbauteils „Adapter Centerspeaker" (s. Bild 1.7 b und später Bild 2.10), das in der Instrumententafel den zentralen Lautsprecher mittels Kunststoffverschraubungen aufnimmt. Die spritzgegossenen Schnapphaken wurden aus dem Serienbauteil entnommen (Material: ABS+PC). Die Orientierung der lasergesinterten Schnapphaken im Lasersinterprozess (Material: PA 12-Pulver mit 40 Gew.-% Neumaterial, Materialtyp: PrimePart, Anlagentyp: P100, Hersteller: EOS GmbH, Volumenenergiedichte $E_{V,S2} = 0{,}30$ J/mm^3 s. Tabelle 4.2) geht aus Bild 1.7 a hervor. Entsprechend der Skizze in Bild 1.7 b wurde die Höhe und der Verlauf der Rastkraft bei Schnappverbindungen in Bezug auf einen PMMA-Block gemessen (Anzahl je Variante: 5). Die mittleren Rastkräfte sind Bild 1.7 b, die einzelnen Kraftverläufe Bild A.3 bis Bild A.5 zu entnehmen.

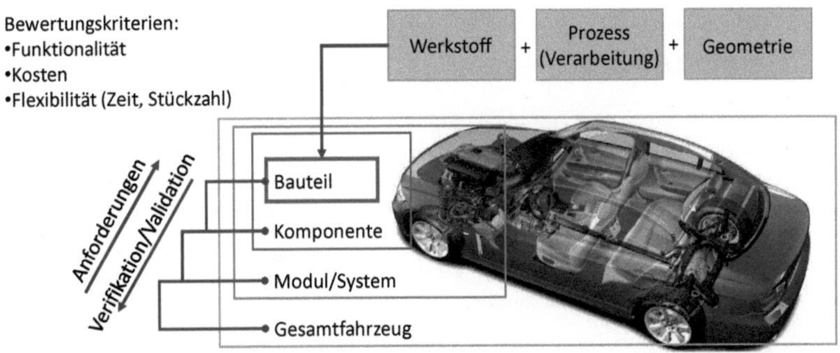

Bild 1.6: Bauteilfunktionalität als Folge von Systemanforderungen und der verwendeten Fertigungstechnologie (Skizze Gesamtfahrzeug s. [30]).

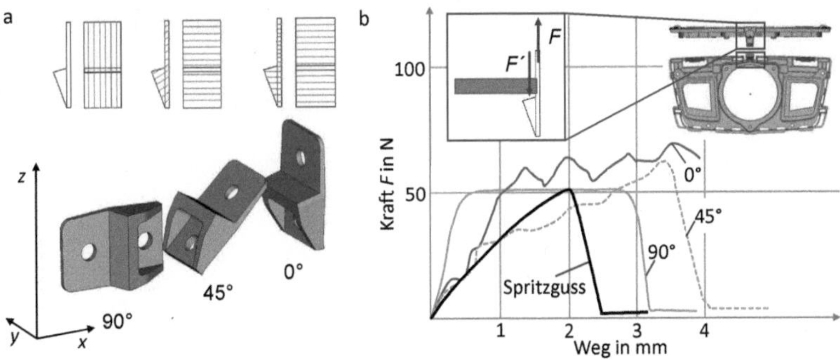

Bild 1.7: Verlauf der Haltekräfte einer Schnappverbindung unterschiedlicher Schichtstruktur in Relation zur spritzgegossenen Variante.

Zunächst lässt sich beobachten, dass sich das Verformungsverhalten der lasergesinterten von den spritzgegossenen Schnapphaken in der Höhe als auch im Verlauf der Rastkraft unterscheidet. Die Rastkräfte der lasergesinterten Varianten liegen im Durchschnitt etwas höher verglichen mit den Rastkräften der spritzgegossenen Schnapphaken. Darüber hinaus zeichnet sich bei den lasergesinterten Schnappverbindungen die Abhängigkeit des Deformationsvermögens von der Ausrichtung der lasergesinterten Schichtstruktur ab, die aus der Bauteilorientierung im Prozess folgt. Offensichtlich bestimmt der lasergesinterte Schichtenverbund sowohl über ein mechanisches Wirkprinzip in der geschichteten Werkstoffstruktur als auch über die stufige Oberflächencharakteristik das makroskopische Verhalten des Schnapphakens.

1.4 Betrachtung der Oberflächen- und Schichtstruktur

Für die Freigabe einer Fertigungstechnologie ist es essentiell, das aus der Verwendung eines Werkstoffs resultierende Bauteilverhalten zu verstehen. Damit steht der lasergesinterte Schichtverbund mit seinen Struktur- und Oberflächeneigenschaften im Mittelpunkt dieser Arbeit. Aufgrund der zunehmenden Heterogenisierung der Nachfrage gewinnen Bauteile mit einem hohen Kundenbezug an Bedeutung. Vor diesem Hintergrund interessiert auch die Ästhetik einer lasergesinterten Oberfläche im Wirkungsbereich des Fahrzeugnutzers. Die Untersuchung kann also wie folgt abgegrenzt werden:

- Die Untersuchungsmotivation ist der gezielte Einsatz lasergesinterter Kunststoffe in Bauteilen der Automobilindustrie.

- Den Untersuchungsgegenstand bildet die lasergesinterte Schichtstruktur.

- Das Untersuchungsziel besteht darin, das mechanische Wirkprinzip der lasergesinterten Schichtstrukturen unter dem Einfluß der ausgebildeten Oberfläche aufzuzeigen.

Der methodische Lösungsweg besteht aus den nachstehenden Schritten: Zunächst erfolgt eine Bestandsaufnahme der Funktionalität lasergesinterter Bauteile in Bezug auf Anforderungen des Automobilbaus (Kapitel 2). Um die Anisotropie der Bauteileigenschaften begründen zu können, wird eine Strukturanalyse des lasergesinterten Schichtverbundes als notwendig erachtet. Somit sollen im nächsten Schritt auf Basis des verfügbaren Wissens die physikalischen Grundlagen der Entstehung von lasergesinterten Kunststoffen und Kenntnisse über deren Struktureigenschaften ermittelt werden (Kapitel 3). Die Bedeutung der Oberflächenstruktur für die mechanischen Eigenschaften sowie die prozesstechnischen Gegebenheiten der Oberflächenentstehung werden im Vorfeld geklärt (Kapitel 5). Nach der Definition der beobachteten Anisotropie und der anschließenden Ableitung eines Materialmodells interessieren mechanische Wirkmechanismen bei analogen Mehrschichtverbunden ebenso wie deren Beeinflussbarkeit. So folgt in Kapitel 6 und Kapitel 7 die mikro- und makromechanische Betrachtung des lasergesinterten Schichtverbundes am Beispiel des Ermüdungsverhaltens. Abschließend wird in Kapitel 8 das Versagensverhalten eines systematisch gefertigten Lasersinterbauteils unter dynamischer Beanspruchung mit Hilfe der an Probegeometrien ermittelten werkstoffmechanischen Zusammenhänge begutachtet. Einzelheiten zur Bauteilherstellung und Durchführung der werkstoffmechanischen Prüfungen werden in Kapitel 4 zusammengestellt.

2 Leistungsvermögen lasergesinterter Kunststoffbauteile (Automobilbau)

Wie in Kapitel 1 dargelegt wurde, geht es in dieser Arbeit darum, das Verhalten lasergesinterter Schichtstrukturen bei mechanischer Beanspruchung sowie die Bedeutung der Oberfläche für die Bauteilfunktionalität zu untersuchen [31,32]. Damit deutlich wird, mit welcher Methodik vorgegangen werden soll, ist es notwendig, das Leistungsvermögen von lasergesinterten Bauteilen hinsichtlich zu erfüllender Anforderungen zu ermitteln. Zunächst werden also Spezifikationen des Automobilbaus bezogen auf die mechanischen Eigenschaften von Kunststoffbauteilen und deren Oberflächenbeschaffenheit aufgezeigt. Auf dieser Basis kann dann der heutige Gebrauchswert von lasergesinterten Bauteilen mit Hilfe von standardisierten oder anwendungsspezifischen Funktionsprüfungen bewertet werden.

2.1 Anforderungen an Bauteile aus Kunststoff

Im Allgemeinen wird die Aufgabe eines Bauteils durch das übergeordnete Entwicklungsziel und die jeweiligen Einsatzbedingungen bestimmt [16]: Wie Bild 2.1 illustriert, ergibt sich die Bauteilfunktionalität sowohl aus der technischen Struktur als auch aus der Produktgestalt. Die Eigenschaften müssen dabei über die Lebensdauer des Bauteils gewährleistet werden.

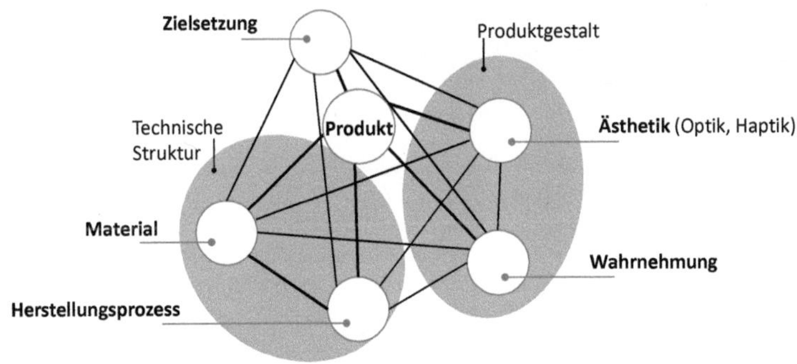

Bild 2.1: Eine Informationsstruktur für die Produktgestaltung [16].

Auch in der Produktentwicklung der Automobilindustrie werden Anforderungen und gültige Vorschriften im Lastenheft festgehalten. Die Durchführung der Funktionsprüfungen geschieht dann nach firmenspezifischen und öffentlichen Normen, Prüf- und Qualitätsvorschriften. Mit der Erprobung wird die Bauteilfunktionalität unter Grenzeinsatzbedingungen beurteilt. Beispielsweise beschleunigen zeitraffende Prüfungen aufgrund der erhöhten Belastung das Alterungsverhalten der Bauteile.

2.1.1 Mechanisches Leistungsvermögen

Das mechanische Langzeitverhalten von Kunststoffen wird von werkstoff- und belastungsspezifischen Faktoren beeinflusst (s. Bild 2.2):

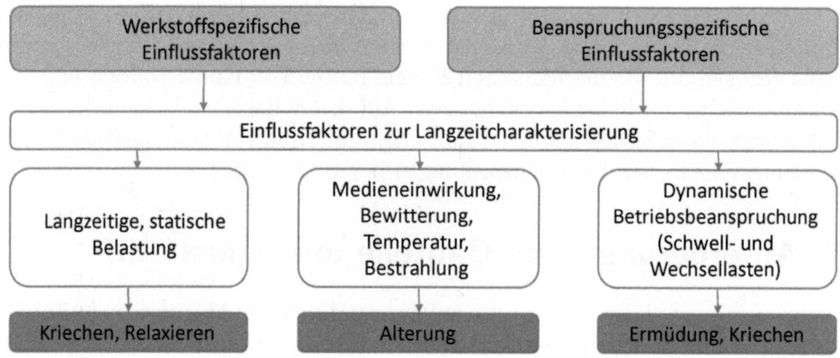

Bild 2.2: Langzeitbeständigkeit mechanischer Eigenschaften von Kunststoffen [33].

- Werkstoffspezifische Faktoren: Während bei unverstärkten homogenen Kunststoffen der viskoelastische Materialcharakter dominiert, zeigen beispielsweise verstärkte heterogene Kunststoffe anisotrope Eigenschaften [34].

- Beanspruchungsspezifische Faktoren: Sowohl klimatische als auch mechanische Belastungen gelten als beanspruchungsspezifische Faktoren. Was die letzteren Faktoren betrifft, so können Bauteile statisch oder dynamisch, kurzzeitig oder über lange Zeit mechanisch belastet werden. Bei kurzen Belastungszeiten verformen sich viele Polymer-Werkstoffe linear-elastisch und versagen beispielsweise bei Stoßbelastung spröde und verformungslos. Werden Kunststoffe über längere Zeit belastet, so reagieren diese eher zäh und viskoelastisch. Beispielsweise nimmt die Dehnung eines Kunststoffs bei konstanter statischer Beanspruchung zeitabhängig zu. Dieses Verformungsverhalten wird als Kriechen oder Dehnungsrelaxation bezeichnet [35]. Ermüdung meint hingegen die Abnahme mechanischer Eigenschaften als Folge von dynamischer Belastung über Langzeit [36]. Neben dem Abfall der Steifigkeit wird auch Rissentstehung/-ausbreitung beobachtet. Das Materialversagen kann dabei bereits bei Spannungen eintreten, die weit unterhalb der statischen Festigkeit liegen [37].

Zu den mechanischen Bauteilprüfungen im Automobilbau gehören statische Belastungen, Schwingungs- und Schlagprüfungen wie auch Lebensdauerprüfungen, in denen Bauteilfunktionalitäten wiederholt ausgeführt werden. Das mechanische Versagen eines Kunststoffbauteils kann dabei auf unzulässiger Verformung, Bruch [38], Verschleiß- oder Geräuschentwicklung beruhen [33].

2.1.2 Funktionalität von Kunststoffoberflächen

Prinzipiell basiert der Wert einer Oberfläche auf geometrischen und massegebundenen Eigenschaften: Die geometrische Oberfläche bestimmt beispielsweise die Rauigkeit und den Glanzgrad. Massegebundene Eigenschaften basieren auf den werkstofflichen Eigenschaften des Oberflächenbereichs/der Oberflächenschicht (s. Bild 2.3) und beinflussen damit die Härte, den Verschleißwiderstand oder das Reibungsverhalten. Im Gegensatz zum Materialinneren verändert sich die Morphologie des Oberflächenbereichs graduell. Die Oberflächenschicht unterscheidet sich dabei nicht nur morphologisch, sondern auch stofflich vom Kernmaterial [39].

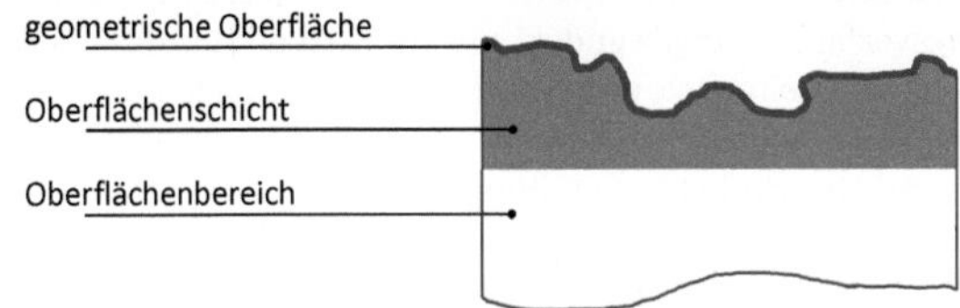

Bild 2.3: Definition der geometrischen Oberfläche, der Oberflächenschicht und des Oberflächenbereichs über ein Oberflächenmodell [39].

Die Funktionalität von Kunststoffoberflächen, beispielsweise im Fahrzeuginnenraum, hängt von den Anforderungen spezifischer Zonen ab. Erstens geben definierte „Bewertungszonen" im Fahrzeuginnenraum Kriterien für die Charakterisierung von Oberflächenmerkmalen im Sinne der Produktästhetik an. Sind Oberflächeneigenschaften dabei nicht quantifizierbar, werden deren Merkmale über Referenzmuster freigegeben. Zweitens weisen „Einbaubereiche" auf physikalische Belastungen und gesetzliche Anforderungen hin [40]. Visuelle [41], haptische, akustische, olfaktorische [40,42] ebenso wie mechanisch-technologische Eigenschaften [43] müssen über die Lebensdauer sichergestellt werden.

2.2 Materialkennwerte auf Basis der Spritzgieß-/Lasersintertechnologie

Jede Fertigungstechnologie basiert auf einem physikalischen Grundprinzip [23, 26, 27]: So unterscheidet sich die Verarbeitung von Thermoplasten im Lasersintern und Spritzgießen in der Art des Auf-/Verschmelzens und des Erstarrens der Makromoleküle. Aufgrund der spezifischen Prozessbedingungen ist von verschiedenen mikro- und makroskopischen Eigenschaften der beiden Kunststoffstrukturen auszugehen. Wie bereits mit Bild 1.6 gezeigt wurde, kann die Reife einer Fertigungstechnologie über die Bauteilfunktionalität beurteilt werden. Um die Reaktion von lasergesinterten Schichtstrukturen bei mechanischer Belastung besser einordnen zu können, sollen die Kurz- und Langzeiteigenschaften von lasergesinterten und spritzgegossenen Kunststoffen gegenübergestellt werden.

Lebensdauer- und Schwingungsprüfungen bilden einerseits einen wesentlichen Bestandteil des Prüfungsprogramms von Bauteilen im Fahrzeugbau, andererseits lässt sich das viskoelastische Verhalten von Polymeren vor allem unter dynamischer Belastung beobachten. Deshalb wurde neben dem quasistatischen Zugversuch das Laststeigerungsverfahren angewendet, um die Ermüdung des Werkstoffs aufzuzeichnen. Konkret handelte sich dabei um eine schwellende Schwingung, deren Nennspannungsamplitude stufenweise erhöht wurde (s. Skizze in Bild 4.6). Weitere Prüfbedingungen und die Probenbehandlung werden in Abschnitt 4.2.2, die Viskoelastizität in Abschnitt 6.3.3 präzisiert. Nach Osswald [44] überlagern sich im Schwellbereich zwei Belastungen: Einerseits bewirkt die konstante Mittelspannung einen Kriechprozess, andererseits folgt aus der schwingenden Beanspruchung die Materialermüdung [44]. Die Erholungsphasen wurden integriert um mit einer reduzierten Maximalbelastung die irreversiblen Dehnungsanteile identifizieren zu können.

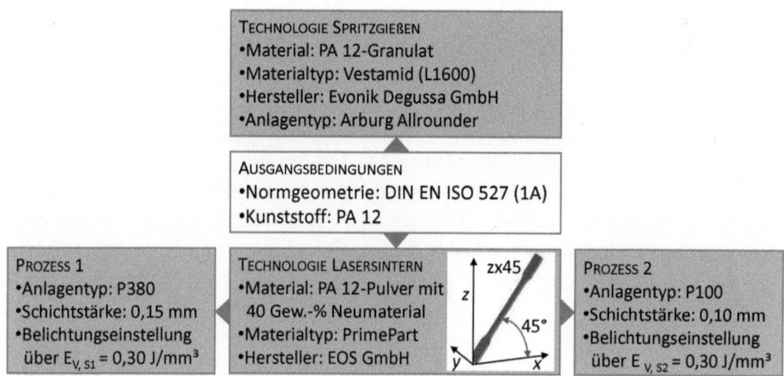

Bild 2.4: Beschreibung des Untersuchungskonzepts und die jeweiligen Prozessbedingungen.

Um Kenntnisse über die Werkstoffcharakteristik auf verschiedene Bauteilanwendungen übertragen zu können, wurden Normgeometrien für die Untersuchungen gewählt. Zudem war es für die Gegenüberstellung der Materialeigenschaften erforderlich, die Vergleichbarkeit des Ausgangsmaterials und der Prozessbedingungen zu berücksichtigen. Was die Fertigungstechnologie Lasersintern betrifft, so wurden die Materialproben mit zwei Prozessen hergestellt, die sich im Anlagentyp und dessen Schichtstärke h_S unterschieden. Die Volumenenergiedichte von 0,30 J/mm^3 wurde hingegen über die Anpassung der Belichtungsparameter konstant gehalten. Die Orientierung der Probekörper im Bauprozess ist in Bild 2.4 skizziert. Die Verarbeitung des ausgewählten Granulats im Spritzgießverfahren orientierte sich an den Empfehlungen des Materialherstellers [45]. Schließlich gibt Bild 2.4 einen Überblick über das Untersuchungskonzept und die verwendeten Prozesseinstellungen.

LASERSINTERN-1	MW	SA$_{MW}$
E in MPa	1689	28
ε_B in %	10,3	1,9
σ_M in MPa	46,6	0,3

LASERSINTERN-2	MW	SA$_{MW}$
E in MPa	1735	22
ε_B in %	14,0	2,0
σ_M in MPa	48,7	0,3

SPRITZGIEßEN	MW	SA$_{MW}$
E in MPa	1753	22
ε_B in %	161,5	21,6
σ_M in MPa	60,1	0,3

Bild 2.5: Gegenüberstellung der nach DIN EN ISO 527 [46, 47] ermittelten Kurzzeit-Eigenschaften von lasergesintertem und spitzgegossenem PA 12 (auch in [24]).

In Bild 2.5 und Bild 2.6 wird das Verformungsverhalten bei quasistatischer Kurzzeitbelastung und dynamischer Langzeitbelastung im Laststeigerungsverfahren gegenübergestellt. Die makroskopischen Eigenschaften in den Prüfungen lassen generell das duktilere Verhalten des spritzgegossenen PA 12 erkennen. Die im Kurzzeit-Zugversuch ermittelten Steifigkeiten und Festigkeiten zeigen geringfügige Unterschiede zwischen spritzgegossenen und lasergesinterten Proben. Eine Ausnahme stellt die Bruchdehnung dar, die beim spritzgegossenen Material wesentlich höhere Werte annimmt. Hinsichtlich des Deformationsvermögens bei Ermüdung wurden beim lasergesinterten PA 12 geringere elastische, viskoelastische und viskose Dehnungsanteile bei vergleichbarer mechanischer Beanspruchung bemerkt als beim spritzgegossenen PA 12. Aufgrund der plastischen Materialeinschnürung versagten die Spritzgießproben bei kleineren Schwingspielzahlen als die lasergesinterten Varianten. Aufgrund der geringen Streuung des Mittelwerts je Materialsorte und Prüfung werden die Spannungs-Dehnungs-Beziehungen als signifikant bewertet. Die Einzelkurven des Verformungsverhaltens im Laststeigerungsverfahren sind im Anhang mit Bild A.7

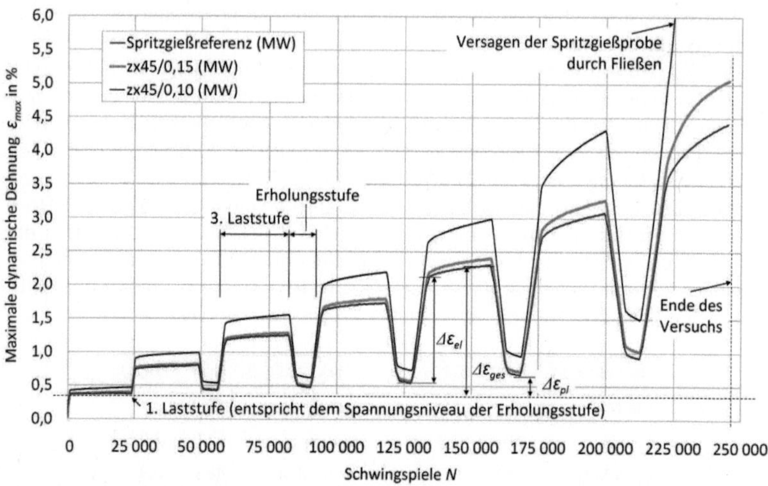

Bild 2.6: Maximale dynamische Dehnung ε_{max} von lasergesintertem (zx45/0,10, zx45/0,15) und spritzgegossenem PA 12 in Abhängigkeit der Schwingspielzahl und Belastungshöhe (auch in [24]).

und Bild A.8 dokumentiert. Zusammengefasst lässt sich neben der Relation zum spritzgegossenen Material die beachtliche Reproduzierbarkeit und Vergleichbarkeit der mechanischen Eigenschaften von lasergesinterten Kunststoffen festhalten. Darüber hinaus ermöglicht das Laststeigerungsverfahren die genaue Beobachtung der Dehnung in Abhängigkeit der Zeit und der Belastungshöhe.

2.3 Lasergesinterte Bauteile in Funktionsprüfungen

Während in Abschnitt 2.2 das prinzipielle Verformungs- und Versagensverhalten von lasergesinterten Probekörpern aufgezeichnet wurde, geht es im Folgenden um das Leistungsvermögen von lasergesinterten Bauteilen in wichtigen Funktionsprüfungen, die zur Freigabe der Fertigungstechnologie, des Werkstoffs und des Designs dienen. Im Hinblick auf die übergeordnete Zielsetzung, die Individualisierung von Fahrzeugen mittels lasergesinterter Bauteile wirtschaftlicher zu gestalten, wurden Bauteile ausgewählt, deren Abmessungen und geometrische Komplexität einerseits für den Lasersinterprozess vorteilhaft waren und die andererseits relevante Struktur- und Oberflächeneigenschaften aufzeigen mussten. Für die Funktionsprüfungen des folgenen Abschnitts wurden exemplarisch die Komponente „Start-Stop-Taster" (s. Bild 2.7) sowie die Bauteile „Abdeckung Mittelkonsole" (s. Bild 2.9) und „Adapter Centerspeaker" (s. Bild 2.10) verwendet.

2.3.1 Ausgewählte Funktionsprüfungen nach Lastenheft

Zunächst soll der grundsätzliche Gebrauchswert lasergesinterter Bauteile in Hinblick auf die im Lastenheft festgelegten Anforderungen für den Serieneinsatz über mindestens 15 Jahre oder 300 000 km ermittelt werden. Im Vordergrund stand dabei das Bestehen ausgewählter Prüfungen (s. Tabelle 2.1) und weniger der Bezug zum Verhalten spritzgegossener Serienbauteile.

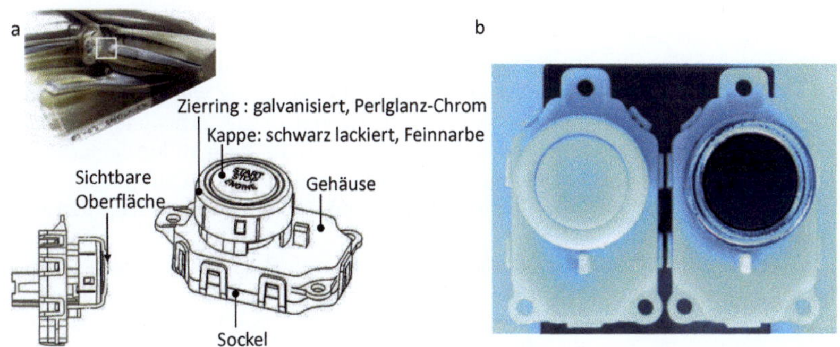

Bild 2.7: Prüfung der Komponente „Start-Stop-Taster" nach Lastenheft. - a) Einbauort des „Start-Stop-Tasters" im Fahrzeug und Bezeichnung der Bauteile (Skizze Interieur s. [30]); b) beschichtete Lasersinterbauteile.

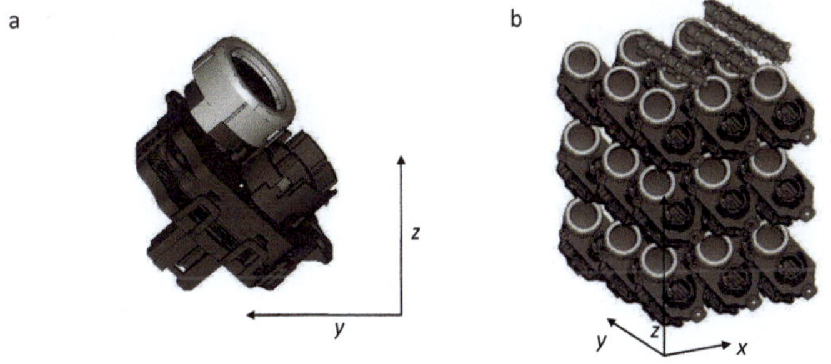

Bild 2.8: Orientierung/Positionierung von Bauteilen der Komponente „Start-Stop-Taster" im Lasersinterprozess.

Folgende Bauteile der Komponente „Start-Stop-Taster" wurden im Lasersinterverfahren hergestellt und anschließend mit zwei Serienbauteilen, der Schaltmatte und dem Betätiger, kombiniert: Zierring (Material in Serie: ABS+PC), Kappe (Material in Serie: PC), Gehäuse und Sockel (Material in Serie: POM). Die lasergesinterten

Varianten des Zierrings und der Kappe wurden entsprechend den gültigen Prozessvorschriften [48–50] beschichtet. Die Bewertung der Oberflächenästhetik der veredelten Lasersinterbauteile wurde aufgrund der hohen Rauigkeit als wenig zielführend befunden. Vielmehr ging es hierbei um die Überprüfung der mechanischen Eigenschaften nach den Beschichtungsprozessen. Insgesamt wurden 27 „Start-Stop-Taster" gefertigt (Material: PA 12-Pulver mit 40 Gew.-% Neumaterial; Anlagentyp: P100; Anlagenhersteller: EOS GmbH; Materialtyp: Duraform; Materialhersteller: 3D Systems AG). Die Orientierung der Bauteile der Komponente „Start-Stop-Taster" im Prozess ebenso wie die Volumenenergiedichte der Laserbelichtung wurden konstant gehalten ($E_{V,S2} = 0{,}30$ J/mm^3, s. Tabelle 4.2). Die Zusammenstellung des Fertigungsprozesses (Baujob) ist in Bild 2.8 b zu erkennen. Vor der Versuchsdurchführung wurden die Bauteile über 48 h bei 90 °C konditioniert. Darüber hinaus erfolgte eine Sicht- und Funktionsprüfung, besonders der Gängigkeit der Schaltelemente im Vorfeld der Versuche. Im Rahmen der in Tabelle 2.1 beschriebenen Prüfungen wurde die Funktionalität des „Start-Stop-Tasters" nach und vereinzelt während der klimatischen Einwirkungen geprüft.

Es zeichneten sich drei wesentliche Erkenntnisse in Bezug auf die Beständigkeit bestimmter Bauteilfunktionen ab: Erstens waren alle lasergesinterten „Start-Stop-Taster" nach oder während der mechanischen oder klimatischen Belastungszyklen funktionsfähig. Zweitens wurde die Haptik bei Betätigung und die selbstständige Rückstellung der Tasten größtenteils zwar für in Ordnung befunden. Vereinzelt zeigten die lasergesinterten Taster jedoch Klemmneigung, vor allem bei tiefen Temperaturen. Die gemessenen Betätigungskräfte bei lasergesinterten Tastern lagen allgemein um 10...15 % höher als die Referenzwerte der Spritzgießbauteile. Die Rückstellkräfte waren teilweise geringer als die geforderte Minimalkraft. Als Ursache für beide Effekte wurde die höhere Reibungskraft in den Führungen aufgrund der rauen Materialoberflächen gesehen. Drittens zeigten die lasergesinterten Prüflinge keine mechanischen Beschädigungen, auch nicht nach überhöhter Krafteinwirkung im Missbrauchstest. Insgesamt zeichneten sich die lasergesinterten „Start-Stop-Taster" durch ausreichende Beständigkeit gegen mechanische und klimatische Beanspruchungen aus. Vereinzelt wurde die Funktionsweise der Gleit- und Verbindungselemente durch die unregelmäßige Oberfläche beeinträchtigt. Die Ergebnisse können zwar für die Einschätzung weiterer Anwendungsfälle herangezogen werden. Für einen systematischen Umgang mit lasergesinterten Kunststoffen im Bereich der Serienfertigung reichen diese Befunde nicht aus.

2.3.2 Mechanische Beanspruchung bei variierender Schichtorientierung

In Abschnitt 2.3.1 wurde die Funktionalität von lasergesinterten Bauteile gegenüber den Anforderungen des Lastenheftes bewertet. Nun soll das Verhalten lasergesinterter und spritzgegossener Bauteile vergleichend betrachtet werden. Um die Unterschiede zu verdeutlichen, wurde das Bauteilverhalten an den Grenzen der mechanischen Belastbarkeit beobachtet. Ein besonderes Augenmerk wurde auf die Orientierung der Schichtstruktur infolge der Bauteilausrichtung im Prozess gelegt. Temperatur und Feuchte traten bei den Erprobungen in den Hintergrund, damit eine Konzentration

Tabelle 2.1: Ausgewählte Funktionsprüfungen nach Lastenheft zur Erprobung der laser-gesinterten „Start-Stop-Taster".

Prüfung	Anzahl Prüflinge	Temperatur/ Feuchte	mechanische Belastungsart
Falltest	3	+23 °C	2 Falltests je Prüfling aus verschiedenen Richtungen
Temperatur-wechseltest	2	−40 °C bis +105 °C	Betätigung bei −40 °C
Vibrations-prüfung	3	−40 °C bis +105 °C	Rauschen als Schwingungsform Funktionsprüfung nach Zyklus
Feuchte Wärme konstant	2	+40 °C konstant 93 % r. F.	Funktionsprüfung nach Zyklus
Temperaturschock	4	−40 °C bis +105 °C	Funktionsprüfung nach Zyklus, 100 Thermoschocks
Stufen-temperaturtest	2	−40 °C bis +10 °C	Funktionsprüfung während Zyklus
Langzeit-temperaturlagerung	2	trockene Wärme +105 °C	Funktionsprüfung nach Zyklus
Ecktemperaturtest	8	−40 °C und +105 °C	Funktionsprüfung bei −40 °C und +105 °C
Missbrauchstest	3	+23 °C	Statische Tastenbelastung mit überhöhter Kraft, bis Bruch
Haptik	5	+23 °C	Haptikkennlinie mit Betätigungs-/ Rückstellkräften
Lebensdauertest mit Temperaturwechsel	6	−40 °C bis +105 °C	300 000 Betätigungen Betätigungs-/ Rückstellkräfte

auf die Beziehung zwischen den einwirkenden Kräften und des Bauteilverhaltens statt-finden konnte. Die Prüfungen lehnten sich zwar an die Vorschriften der Lastenhefte an, wurden jedoch abgeändert, um einen systematischen Vergleich der Bauteileigen-schaften zu ermöglichen.

Dynamische Kurzzeitbelastung: Kopfaufschlag

Bauteile im Kopfaufschlagbereich des Fahrzeuginnenraums unterliegen den Anfor-derungen des Insassenschutzes. Diese geben für den Aufschlag einer Kopfform ein Beschleunigungsniveau vor [51]. Nach FMVSS-Standards [52,53] darf die Verzögerung einer Kugel beim Aufprall den Wert von 80 g durchgehend für einen Zeitabschnitt von mehr als 3 ms nicht überschreiten. Die Verzögerung a_{3ms} wird dabei als ein Vielfaches von der Erdbeschleunigung g angegeben. BMW Lastenhefte beziehen einen Sicherheitsfaktor mit ein, so dass der Grenzwert für die Verzögerung 64 g beträgt.

Da sich das Bauteil „Abdeckung Mittelkonsole" nicht im Kopfaufschlagbereich befindet, wurde der sogenannte Pendelschlagversuch prinzipiell durchgeführt, mit der Darstellung des Systems der I-Tafel durch einen Schaum (s. Bild 2.9 b).

Die Herstellung der Bauteile erfolgte im Lasersinterverfahren (Material: PA 12-Pulver mit 40 Gew.-% Neumaterial, Materialtyp: PA2200, Anlagentyp: P100, Hersteller: EOS GmbH) mit einheitlicher Orientierung (s. Bild 2.9 a) und konstanter Volumenenergiedichte ($E_{V,S2} = 0,30$ J/mm^3, s. Tabelle 4.2). Darüber hinaus wurden einige Bauteile lackiert (Lacksystem: Comfortlack 342-44 im 2-Schichtaufbau, Hersteller: Mankiewicz Gebr. & Co., BMW Group Prozessvorschrift PV 06030 [54]).

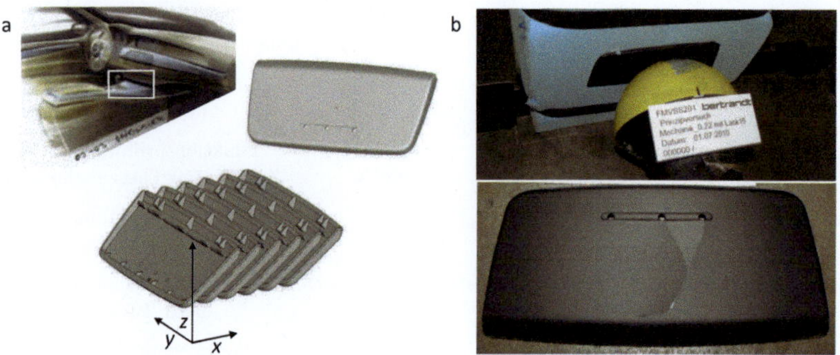

Bild 2.9: Kurzzeitbelastung im Pendelschlagversuch. - a) Einbauort des Bauteils „Abdeckung Mittelkonsole" im Fahrzeug und Bauteilorientierung im Prozess (Skizze Interieur s. [30]); b) Bauteilversagen.

In den Pendelschlagversuchen wurde bei den lasergesinterten Bauteilen mit Lackierung eine Beschleunigung a_{3ms} im Mittel von 48 g (Anzahl Bauteile: 5, Standardabweichung SA$_{MW}$: 1,85 g) gemessen. Der Referenzwert des Spritzgießbauteils der Serie (Material: ABS+PC) lag bei 45,7 g. Der Mittelwert der Beschleunigung a_{3ms} von lasergesinterten Bauteilen ohne Lackierung betrug 49,7 g (Anzahl Bauteile: 5, Standardabweichung SA$_{MW}$: 1,37 g) und unterschied sich damit nicht signifikant von den Beschleunigungswerten der lackierten Lasersinterbauteile.

Die Ergebnisse zeigen, dass lasergesinterte Bauteile zwar unter dem von BMW geforderten Grenzwert liegen. Jedoch brechen im Durchnitt 50 % der Bauteile scharfkantig (s. Bild 2.9 b), was nach den Bedingungen des Insassenschutzes nicht akzeptiert werden kann. Da lasergesinterte Bauteile bei stoßartigen Belastungen zum spröden Bruch neigen, sind Anwendungen im Kopfaufschlagbereich kritisch. Mit der Lackierung von Lasersinterbauteilen wurde keine wesentliche Verbesserung des Beschleunigungswertes erzielt. Möglicherweise kann durch die Verwendung einer Folie das scharfkantige Brechen der lasergesinterten Bauteile vermieden und zugleich der Beschleunigungswert verbessert werden. Als weitere Alternativen gelten konstruktive Maßnahmen am entsprechenden Bauteil oder an benachbarten Bauteilen des Systems.

Dynamische Langzeitbelastung: Vibrationsprüfung

Weiterhin wurde das Ermüdungsverhalten des Bauteils „Adapter Centerspeaker", lasergesintert und spritzgegossen (Material: ABS+PC), in der Vibrationsprüfung für Ausstattungsteile betrachtet [55]. Ziel der Vibrationsprüfung war es, neben den Schadenszeiten auch die Versagensarten zu vergleichen.

Wie Bild 2.10 a zeigt, variierte die Orientierung der Bauteile im Lasersinterprozess (Material: PA 12-Pulver mit 40 Gew.-% Neumaterial; Materialtyp: Prime-Part; Anlagentyp: P380; Hersteller: EOS GmbH; Volumenenergiedichte $E_{V,S1} = 0{,}30 \ \text{J/mm}^3$, s. Tabelle 4.1).

Die Versuchsbedingungen der Vibrationsprüfung lehnten sich zwar an die Prüfvorschrift PR 309 „Vibrationsprüfung für Ausstattungsteile" [56] an, die Bauteile wurden jedoch, ohne überlagerten Klimawechseltest, mit einer höheren Masse belastet um ein Bauteilversagen zu provozieren. Auf das Bauteil wirkte ein Rauschprofil nach [56] in vertikaler Richtung ein. Die Schadzeiten der 0° zur (x, y)-Ebene orientierten Lasersinterbauteile lagen durchschnittlich bei etwa 1,2 min, wohingegen die 45°-Lasersinterbauteile bei einem Mittelwert von 14,6 min und die Spritzgießbauteile nach 5,5 min versagten. In Abhängigkeit der Schichtstruktur waren nicht nur unterschiedliche Schadzeiten zu bemerken, sondern auch entlang der Schichten laufende Bruchabschnitte (s. Bild 2.10 b). Offenbar wurde die Entstehung und Richtung der Rissausbreitung von der Schichtstruktur beeinflusst.

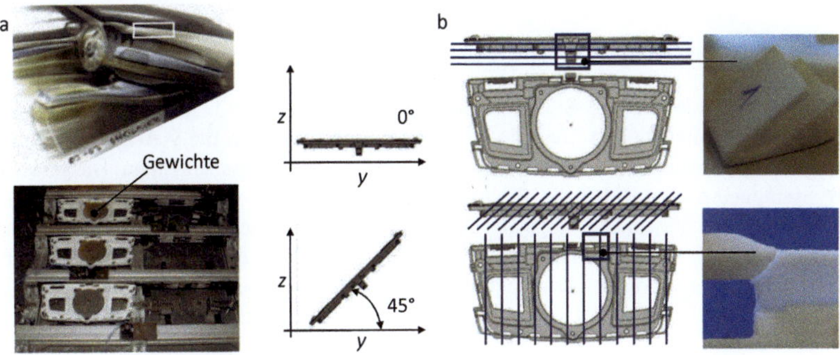

Bild 2.10: Vibrationsprüfung der Bauteile „Adapter Centerspeaker". - a) Einbauort des Bauteils „Adapter Centerspeaker" im Fahrzeug und Versuchsaufbau (Skizze Interieur s. [30]); b) Orientierung der Schichtstruktur und Bauteilversagen.

Quasistatische Kurzzeitbelastung: Festigkeit/Steifigkeit

Bei der „Festigkeits-/Steifigkeitsprüfung" von Bauteilen des Fahrzeuginnenraums handelt es sich allgemein um einen statischen 3-Punkt-Biegeversuch (s. Bild 2.11 a). Im Rahmen der Betrachtung des mechanischen Leistungsvermögens lasergesinterter Bauteile diente dieser zur Ermittlung der Steifigkeiten der Bauteile „Abdeckung

Mittelkonsole" mit unterschiedlicher Schichtstruktur (Anzahl je Schichtstruktur-Variante: 4). Das Bauteil „Abdeckung Mittelkonsole" wurde somit in unterschiedlichen Orientierungen infolge der Drehung um die y-Achse (s. Bild 2.11 a) im Lasersinterprozess hergestellt (Material: PA 12-Pulver mit 40 Gew.-% Neumaterial; Materialtyp: PA2200; Anlagentyp: P100; Hersteller: EOS GmbH; Volumenenergiedichte $E_{V,S2} = 0,30$ J/mm^3, s. Tabelle 4.2).

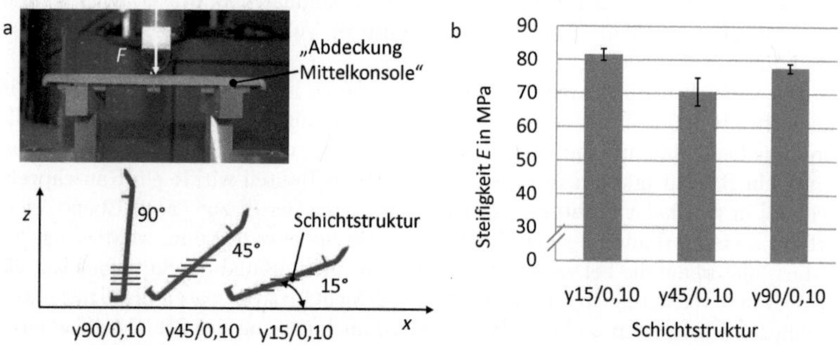

Bild 2.11: Festigkeit-/Steifigkeitsprüfung des Bauteils „Abdeckung Mittelkonsole". - a) Prüfaufbau und Bauteilorientierung im Prozess; b) Steifigkeit in Abhängigkeit der Schichtstruktur.

Die Mittelwerte der Steifigkeiten gehen aus Bild 2.11 b hervor. Obwohl die Schichtstruktur lediglich über die Drehung der Bauteile um die y-Achse bestimmt wurde, lassen sich doch signifikant unterschiedliche Steifigkeiten erkennen. Die geringste Steifigkeit zeigen dabei die 45° zur (x, y)-Ebene orientierten Lasersinterbauteile mit einer Schichtstruktur y45/0,10. Die Orientierung der Schichtstruktur scheint ein wesentliches Bauteilmerkmal zu sein, welches das Verformungsverhalten der lasergesinterten Bauteile präzise vorbestimmt. Dieser Sachverhalt soll in der Strukturanalyse in Kapitel 6 wieder aufgegriffen und näher untersucht werden.

2.4 Oberflächeneigenschaften lasergesinterter Bauteile

Wie im Überblick in Abschnitt 2.1 dargestellt wurde, kann sowohl die Produktgestalt als auch die technische Struktur eines Bauteils von dessen Oberflächeneigenschaften beeinflusst werden. Um festzustellen, an welcher Stelle bei der Vorbereitung von lasergesinterten Oberflächen für die Endkundenanwendung angesetzt werden soll, müssen zunächst die vorhandenen ästhetischen und mechanisch-technologischen Eigenschaften geprüft werden. Es interessieren dabei unbehandelte sowie veredelte Oberflächen. Aufgrund der vielfältigen Oberflächenspezifikationen wurden keine vollständigen Prüfzeugnisse angestrebt.

2.4.1 Mechanisch-technologische Eigenschaften

Mechanisch-technologische Prüfverfahren dienen zur Bestimmung der Widerstandsfähigkeit von beschichteten oder unbeschichteten Oberflächenmaterialien gegen unterschiedliche Belastungen im Serieneinsatz. Bei vielen Prüfmethoden handelt es
sich um Gebrauchswertprüfungen, die keine direkten Messwerte, sondern eher Vergleichsbilder und -werte liefern. Im Allgemeinen werden mechanisch-technologische
Eigenschaften unterschieden in die Widerstandsfähigkeit gegenüber Beschädigung,
die Abriebfestigkeit (Reibungsverhalten), das Anschmutz- und Reinigungsverhalten
und darüber hinaus die Haftfestigkeit von Beschichtungen (s. Bild 2.12):

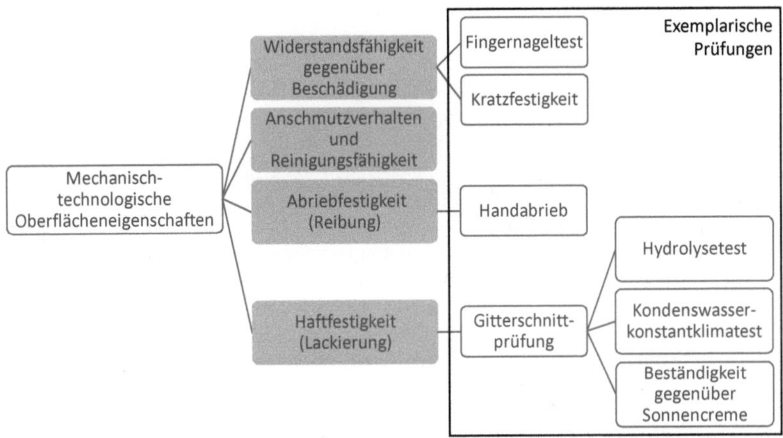

Bild 2.12: Mechanisch-technologische Eigenschaften von Oberflächen im Fahrzeuginnenraum [57–60].

- Widerstand gegen mechanische Beschädigung: Die im Fahrzeuginnenraum befindlichen Oberflächenmaterialien kommen mit unterschiedlich harten und spitzen
  Gegenständen in Kontakt. Die Widerstandsfähigkeit von Oberflächenmaterialien
  gegen Schäden verursachende Gegenstände wird durch die Kratzprüfung oder den
  Fingernageltest bestimmt [58, 60].

- Abriebbeständigkeit: Oberflächen werden im Fahrzeuginnenraum verschiedenen
  Reibkräften durch Körperteile ausgesetzt. Die Hand-Abriebprüfung legt eine Methode zur Prüfung der chemisch-physikalischen Beständigkeit des Materials fest.
  Die mechanische Beanspruchung wird durch den Ablauf einer Finger- oder Handbewegung simuliert [57].

- Anschmutzverhalten und Reinigungsfähigkeit: Oberflächen werden im Rahmen
  einer Abrieb- oder Scheuerprüfung mit verschiedenen Reinigungsmitteln behandelt. Der Kontrast der angeschmutzten zur unbelasteten Fläche wird nach einem
  Graumaßstab (DIN EN 20105 [57, 61]) bewertet.

- Haftfestigkeit: Die Haftung von Lackschichten kann nach verschiedenen Arbeitsanweisungen und Prüfvorschriften des Fahrzeugherstellers beurteilt werden [62, 63]. Meist handelt es sich dabei um eine Gitterschnittprüfung, in der mit einem Mehrschneidengerät parallele Einkerbungen in die Lackierung eingebracht werden. Zur Auswertung wird ein Klebeband mit definierter Haftkraft auf die belastete Stelle gedrückt und anschließend von der Oberfläche gezogen. Durch Vergleich mit Standardbildern werden Kennwerte vergeben. Die Gitterschnittprüfung erfolgt oftmals vor und nach der klimatischen Beanspruchungen der Oberflächen (s. Bild 2.13 a).

Lasergesinterte Oberflächen ohne Beschichtung

Die Ergebnisse der Prüfung mechanisch-technologischer Eigenschaften von lasergesinterten Oberflächen ohne Beschichtung sind in Tabelle 2.2 zusammengestellt. Es handelte sich bei den Proben um lasergesinterte Platten aus PA 12, die parallel zur (x, y)-Ebene im Fertigungsprozess orientiert waren (Material: PA 12-Pulver mit 40 Gew.-% Neumaterial; Materialtyp: Duraform; Materialhersteller: 3D Systems AG; Anlagentyp: P100; Anlagenhersteller: EOS GmbH; Volumenenergiedichte $E_{V,S2} = 0{,}30$ J/mm^3, s. Tabelle 4.2).

Obgleich für jede Oberfläche in Abhängigkeit der „Bewertungszone" spezifische Grenzwerte gelten, so weichen die bei lasergesinterten Oberflächen ermittelten Vergleichswerte deutlich von den üblichen Prüfergebnissen bei Serienmaterialien ab. Angesichts der Bewertungen in Tabelle 2.2 ist festzuhalten, dass unbeschichtete Lasersinteroberflächen nach derzeitigem Stand der Technik nicht im Wirkungsbereich des Fahrzeugnutzers·eingesetzt werden können.

Tabelle 2.2: Bewertung von lasergesinterten Oberflächen ohne Beschichtung nach der Durchführung mechanisch-technologischer Prüfungen (s. Bild 2.12).

Prüfung	Grenzwerte	Ergebnis	Bewertung
Anschmutz-/Reinigungsverhalten	Graumaßstab 1...5	Graumaßstab (3...4)	n. i. O
Kratzprüfung	1...20 N	Erste Kratzspur bei 1N	n. i. O
Handabrieb trocken, 4000 Hübe	Graumaßstab 1...5	Graumaßstab (4...5)	n. i. O
Fingernageltest	2...10 N	Erste Kratzspur bei 2N	n. i. O

Lasergesinterte Oberflächen mit Veredelung

Um ein wirtschaftliches Veredelungsverfahren für lasergesinterte Oberflächen im Bereich der Kleinserienfertigung identifizieren zu können, fand eine theoretische und empirische Auseinandersetzung mit Beschichtungen der konventionellen Kunststoffverarbeitung und des Rapid Prototyping Bereichs statt [64]. Folgende Faktoren erschienen dabei als relevant für die Bewertung dieser Verfahren: Erstens wurde die Flexibilität des Veredelungsverfahrens vorausgesetzt, sowohl im Hinblick auf Veränderungen der Stückzahlen als auch der geometrischen Merkmale von zu beschichtenden Bauteilen. Den zweiten Faktor bildete die Nachhaltigkeit in der Wertschöpfung, die ökologische, soziale aber auch wirtschaftliche Entwicklungen miteinbezieht [5]. Schließlich wurde als dritter Faktor die verfahrensspezifisch zu erzielende Oberflächenästhetik herangezogen.

Stand der Technik zur Nachbearbeitung von lasergesinterten Oberflächen Die Rauigkeit von lasergesinterten Oberflächen kann zunächst durch abtragende Verfahren, wie beispielsweise Strahlen oder Gleitschleifen, reduziert werden. So untersuchte Bohnet [65] die Wirksamkeit von Strahlmitteln, die sich im Werkstofftyp, in der Größe und Form unterschieden. Mittels Profiltiefenmessungen zeigte er, dass die geringste Profiltiefe von 10 µm, verglichen mit dem Ausgangszustand von etwa 95 µm, mit Normalkorund, Kunststoff-Granulat und rundem Stahlgussschrot erzielt werden konnte. Die genaue Auswirkung von Kornfom, -größe und -härte konnte nicht eindeutig erklärt werden.

Oftmals wird zur Herstellung von lasergesinterten Prototypen oder Bauteilen mit optisch und haptisch ansprechenden Oberflächen das Gleitschleifen verwendet. Der Gleitschleifprozess kann über die Art der Schleifkörper, die Relativgeschwindigkeit von Bauteil und Schleifkörper sowie die Verweilzeit der Bauteile beschrieben werden. Bauteilkanten werden in der Regel im Gleitschleifprozess verrundet und Oberflächen geglättet, jedoch mit einem über das Bauteil variierenden Materialabtrag [66]. Schließlich kann auch durch Ätzen die Rauigkeit von lasergesinterten Bauteilen reduziert werden [67].

Um Kunststoffbauteile funktional zu beschichten, stehen eine Reihe von verschiedenen Beschichtungsprozessen und -materialien zur Verfügung. Im Bereich der generativen Fertigung weist Bohnet auf PVD- und galvanische Verfahren hin [67]. Schmid [66] untersuchte das Tauchen in verschiedene flüssige Beschichtungsmaterialien. Es zeigte sich dabei, dass die Wasserdichtheit von lasergesinterten Bauteilen mit Rezepturen von Silikonbeschichtungen oder Acrylpolymeren verbessert werden kann. Der höchste Widerstand gegen Abrasion wurde über eine Silikonbeschichtung sowie von einer Vinyl-Acrylpolymer-Beschichtung erzielt.

Zusammengefasst ist zu bemerken, dass bei den vorgestellten Nachbehandlungsmethoden die Rauigkeit der lasergesinterten Oberflächen als Grundgröße im Vordergrund stand. Die Merkmale von Optik und Haptik im Sinne der Produktästhetik wurden dabei nicht bewertet.

Veredelungsverfahren der konventionellen Kunststoffverarbeitung Generell erschienen werkzeugbasierende Veredelungsverfahren und manuelle Nachbearbeitungsschritte zum Glätten der Oberflächen, beispielsweise durch Schleifen, im Hinblick auf die Stückzahlen von Kleinserien im Automobilbereich nicht als zielführend. Neue Behandlungsmethoden der Oberfläche, die noch keine eindeutige Serienreife erlangt haben, wie zum Beispiel das Laserpolishing, wurden ebenfalls nicht weiter bewertet. Beschichtungen, die über die Verfahren Galvanisieren und physikalisches Dampfphasenabscheiden (PVD) [68] erzeugt werden, zeichnen sich allgemein durch geringe Beschichtungsdicken (10 nm...10 µm) aus, die eine hohe Abbildegenauigkeit der Oberflächenstruktur zu Folge haben (s. Bild 2.14 a). Dadurch werden Oberflächendefekte in ihrer visuellen Wahrnehmbarkeit verstärkt [69]. Beide Beschichtungsverfahren wurden ebenfalls nicht weiter in Betracht gezogen, da lasergesinterte Oberflächen mit hohem Aufwand merkmalsfrei vorbereitet werden müssen. Zudem bleibt die Nachhaltigkeit des Galvanisierens aufgrund hoher Anlageninvestitionen und der verwendeten umweltgefährlichen Substanzen fraglich.

Die große Variabilität des Lackierprozesses im Hinblick auf Material, Applikationstechnik und Ästhetik der Beschichtung [43] als auch die vergleichbar positive Nachhaltigkeit des Lackierverfahrens waren ausschlaggebend dafür, dass im Schwerpunkt die Lackierung als Veredelungsverfahren betrachtet wurde. Die Untersuchungen beschränkten sich dabei auf die Applikationstechnik des Sprühens. Im Gegensatz zum Tauchverfahren eignet sich das Sprühverfahren gerade für geometrisch anspruchsvolle Bauteile und dominiert in der industriellen Lackiertechnik, vor allem wenn hohe Ansprüche an die Lackierqualität gestellt werden. Das Sprühverfahren ermöglicht eine gleichmäßigere Ausbildung von Schichtdicken, Farben und Effekten.

Im Folgenden soll also der Frage nachgegangen werden, ob eine mechanisch-technologische Funktionalität der lasergesinterten Oberfläche durch Lackierung hergestellt werden kann: Im Allgemeinen beruht der Schutz vor klimatischen und mechanischen Einwirkungen auf einem stabilen Verbund der Lackierung mit dem zu beschichtenden Material, das auch als Substrat bezeichnet wird. Die Abstimmung des Lacksystems mit den stofflichen und geometrischen Oberflächeneigenschaften des Substrats ist dabei entscheidend für die Haftfestigkeit einer Lackierung [43]. Ein Lacksystem kann sich aus einer Grund-, Zwischen- und Decklackschicht zusammensetzen. Der Grundlack besteht aus haftvermittelnden oder auch festkörperreichen Grundierungen, die Oberflächenfehler egalisieren. Zwischenlacke übernehmen meist farb- und effektgebende Funktionen. Decklacke bilden als letzte Schicht des Lackaufbaus die Grenzfläche zur Umgebung. Neben der chemischen und physikalischen Beständigkeit zeichnen sich Decklacke, wie beispielsweise Klarlacke, durch optische und haptische Eigenschaften aus [69].

Bei der Wahl der Lacksysteme wurde die Absicht verfolgt, einerseits im Fahrzeuginnenraum etablierte Lacksysteme, andererseits neu formulierte Lacke bei lasergesinterten Oberflächen anzuwenden und zu prüfen: Was bekannte Lacksysteme betrifft, so handelte es sich um Decor- und Comfortlacke (Hersteller: Mankiewicz Gebr. & Co.), die nach der BMW Prozessvorschrift PV 06030 [54] aufgetragen wurden. Mit den Lackneuformulierungen wurden die Konzepte einer wasserbasierten und einbrennbaren Dispersion, die mit einem Triisocynat vernetzt, und einer wasserbasierten Dispersion eines pulverisierten Einbrennlacks verfolgt. Die Einbrenntemperatur lag jeweils bei etwa 150 °C.

Die Haftfestigkeit der Lackierungen wurde mit den Methoden „Hydrolysetest", „Kondenswasserkonstantklimatest" und „Beständigkeit gegenüber Sonnencreme" [57–60] (s. Bild 2.12) geprüft. Aufgrund der hohen Härte und Schichtdicke der aufgetragenen Lackneuformulierungen (Produktbezeichnung: „Prototyp") fand deren Prüfung mit den bereits in Tabelle 2.2 verwendeten Verfahren statt.

Tabelle 2.3: Mechanisch-technologische Eigenschaften von lackierten Lasersinteroberflächen mit 1-Schicht-Lackierung (Prüfungen nach Bild 2.12).

Bezeichnung	Produkt	Haftfestigkeit/ Beständigkeit
Pulverlack	Prototyp	i. O.
2K-Hydro-System	Prototyp	i. O.
2K-Hydro-Grundierung	Alexit Grundierung 343-39	i. O.
2K-Lösemittel-Grundierung	Alexit Grundierung 463-21	n. i. O.

Tabelle 2.4: Haftfestigkeit von 2-Schicht-Lackierungen auf lasergesinterten Oberflächen (Prüfungen nach Bild 2.12).

Bezeichnung	Produkt	Haftfestigkeit/ Beständigkeit
Decorlack auf 2K-Hydro-Grundierung	Alexit Decorlack 341-79 auf Alexit Grundierung 343-39	i. O.
Comfortlack auf 2K-Hydro-Grundierung	Alexit Comfortlack 342-44 auf Alexit Grundierung 343-39	i. O.
Comfortlack auf Füllgrund	Alexit Comfortlack 342-44 auf Füllgrund 484-00	i. O.

Mit Ausnahme der 2K-Lösemittel-Grundierung zeigten die Lackierungen ausreichende Haftfestigkeit (s. Tabelle 2.3 und Tabelle 2.4). Eine Vorbehandlung der lasergesinterten Oberfläche zur Verbesserung der Haftfestigkeit scheint also bei den betrachteten Lacksystemen nicht notwendig zu sein. Eine lichtmikroskopische Anschliffaufnahme verdeutlicht zudem die ausgeprägt wirksame Oberfläche zwischen Lackschicht und Substratoberfläche (s. Bild 2.13 b). In Abhängigkeit der Anwendung und des Einbaubereichs bedarf es zusätzlicher Prüfungen zur Serienfreigabe der betrachteten Materialsysteme. Was die Lackierung von lasergesinterten Oberflächen mit Comfortlack für den Einsatz im Fahrzeuginnenraum betrifft, so verbleibt sowohl die Bewertung der Reflexion, Farbe und Struktur im Kontext der „Bewertungszonen" [63].

2.4.2 Ästhetik von lasergesinterten Oberflächen

Um die geometrische Beschaffenheit lasergesinterter Oberflächen dem Serienstandard von Spritzgießoberflächen anzugleichen, ist nach dem Stand der Technik mit erheblichen Mehraufwendungen in der Nacharbeit zu rechnen. Aus diesem Grund interessierte zunächst, wie die Ästhetik lasergesinterter Oberflächen im beschichteten oder unbeschichteten Zustand wahrgenommen wird. Wie in Abschnitt 2.4.1 gezeigt wurde, benötigen lasergesinterte Oberflächen eine funktionale Beschichtung, die die

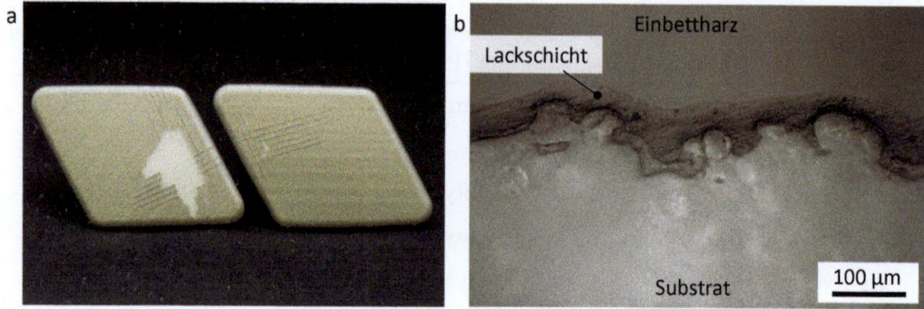

Bild 2.13: Prüfung von Lackierungen auf lasergesinterten Oberflächen. - a) Gitter-schnittprüfung (n. i. O.); b) Wirksame Oberfläche zwischen Lackschicht und Substrat (Lichtmikroskopische Anschliffaufnahme).

Beständigkeit der Oberflächeneigenschaften in einer Endkundenanwendung sicher-stellt. In Bezug auf die Beschichtung wurde darauf geachtet, dass die Materialität des lasergesinterten Kunststoffs grundsätzlich erhalten bleibt, wodurch die lasergesinterte Textur durch die Beschichtung nicht vollständig gefüllt werden sollte. Die folgende Beschreibung der Ästhetik beschränkt sich auf die visuelle und taktile Wahrnehmung von lackierten Lasersintermaterialien, deren mechanisch-technologische Eigenschaften bereits in Abschnitt 2.4.1 geprüft wurden.

Visuelle Wahrnehmung   Wie auch bei den Prüfungen der mechanisch-technolo-gischen Eigenschaften wurde an dieser Stelle versucht, die subjektive Sinneswahr-nehmung in physikalisch definierte Größen zu überführen [70]. Die quantitative Be-schreibung der visuellen Oberflächeneigenschaften erfolgte über eine berührungslose Topografiemessung, genauer eine Weißlicht-Entfernungsmessung nach [71]. Beispiels-weise wurde die Oberfläche des unbeschichteten Bauteils „Abdeckung Mittelkonsole", dessen Orientierung im Lasersinterprozess 90° betrug (s. Bild 2.11 a), mit der mittle-ren Rautiefe sRz25 (Spikes-Filter: 25 µm, Messfläche 45 x 45 mm) von 224,94 µm bewertet. Durch Lackierung mit einem 2-schichtigen Lackaufbau (Decorlack nach Tabelle 2.4) reduzierte sich die mittlere Rautiefe sRz25 auf 138,95 µm. Neben der hohen Grundrauigkeit bleiben vor allem die ausgebildeten Linien in Baufortschritts-richtung z nach der Lackierung deutlich sichtbar (s. Bild 2.14 b). Wie später noch geschildert wird, verhinderte die hohe Rauigkeit eine zweckmäßige Quantifizierung der Oberflächenbeschaffenheit über Kennwerte.

Taktile Wahrnehmung   Die haptischen Eigenschaften von lackierten Lasersinter-oberflächen sollten weiter im Rahmen der Berührhaptik am Beispiel der in Ab-schnitt 2.4.1 hergestellten Materialien bewertet werden. Das Empfinden beim Be-rühren wird im Wesentlichen durch die geometrische Oberflächenbeschaffenheit (glatt-rau) aber auch durch die Konsistenz (weich-hart) bestimmt [70]. Bild 2.15 a stellt eine Einordnung der lackierten Lasersinterproben entsprechend der taktilen Wahrnehmung dar. Besonders harte Oberflächenschichten wurden mittels eines 2K-

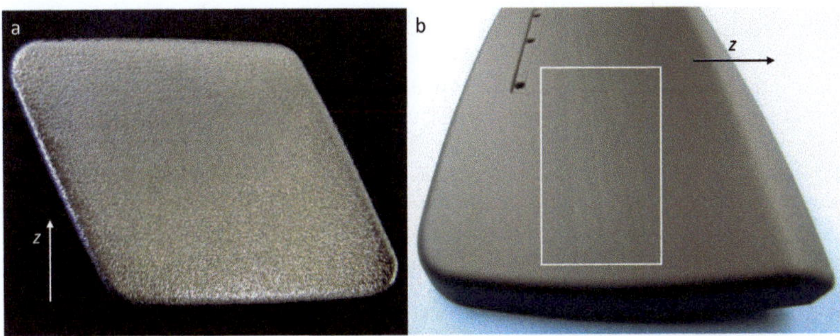

Bild 2.14: Beschaffenheit von beschichteten Lasersinteroberflächen. - a) Verchromung; b) Lackierung mit 2K-Comfortlack auf Füllgrund (s. Tabelle 2.4).

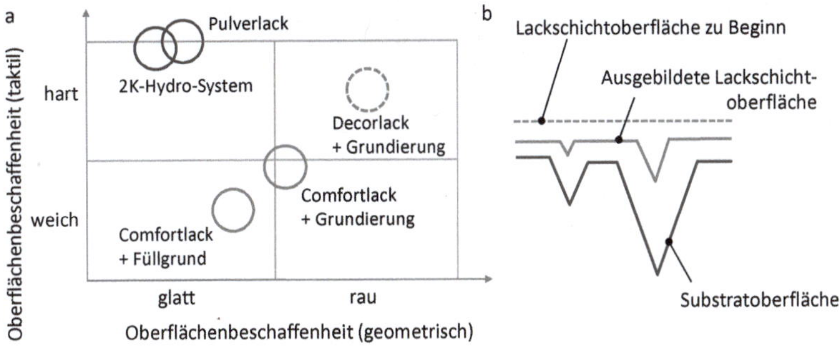

Bild 2.15: Taktile und geometrische Oberflächenbeschaffenheit. - a) Einordnung von lackierten Lasersinteroberflächen; b) Prinzipdarstellung zur Ausbildung einer Lackschichtoberfläche [43].

Hydro- und eines Pulverlacksystems erreicht. Die 2-schichtigen Lacksysteme mit Comfortlack zeigten hingegen einen weicheren Oberflächencharakter, der durch die Verwendung eines Füllgrunds verstärkt wurde. Von allen Beschichtungssystemen zeigte das 2-schichtige Lacksystem mit Comfortlack insgesamt das größte Potenzial, ausreichende mechanisch-technologische, visuelle und haptische Eigenschaften zu bewirken und gleichzeitig die typische Oberflächenstruktur wiederzugeben.

Bedeutung der Linienstruktur lasergesinterter Oberflächen Nach der Prüfung von beschichteten Lasersinteroberflächen zeichnet sich hinsichtlich Endkundenanwendungen folgende Problematik ab: Aufgrund der Prüfergebnisse und den allgemein vielfältigen Möglichkeiten der Lackiertechnologie werden funktionale Beschichtungen für lasergesinterte Bauteile bezogen auf mechanisch-technologische und haptische

Eigenschaften als realisierbar eingeschätzt. Ungeklärt bleibt jedoch, wie mit der makroskopischen Linienstruktur von lasergesinterten Oberflächen (s. Bild 2.14 b) umgegangen werden soll, wenn die visuellen Anforderungen der Produktästhetik erfüllt werden müssen. Diese sehen bislang eine Regelmäßigkeit und prozesstechnische „Beherrschbarkeit" der Oberflächentextur vor.

Prinzipiell resultiert die Textur einer lackierten Oberfläche aus dem Beschichtungsprozess und der geometrischen Oberflächenbeschaffenheit des Substrats (s. Bild 2.15 b): Zu Beginn der Filmbildung füllt der Lack die Untergrundstruktur vollständig aus und formt eine glatte Oberfläche. Mit der Verfestigung des Lackfilms reduziert sich das Filmvolumen aufgrund der abgegebenen Lösemittel [43]. Es kommt damit zum sogenannten Filmschrumpf und zur Ausbildung der Oberflächenschicht. Das Oberflächenprofil des Substrats stellt also den Ausgangspunkt für den Charakter der lackierten Oberflächenschicht dar. Stout [72] unterschied bei der Klassifikation von Oberflächenstrukturen in „Engineered Surfaces" und „Non Engineered Surfaces". „Engineered Surfaces" werden gezielt durch Fertigungsverfahren hergestellt. Dagegen bilden sich die Merkmale von „Non Engineered Surfaces" entweder zufällig oder systematisch in Abhängigkeit der vorherrschenden Prozessbedingungen aus. Beispielsweise stand die Umsetzung von dreidimensionalen Daten in physische Bauteile zwar stets im Fokus der Lasersintertechnologie, nicht jedoch eine zielgerichtete Oberflächenformung. Im Rahmen der vorliegenden Arbeit muss daher vordringlich untersucht werden, wie die Linienstruktur im Lasersinterprozess entsteht und ob diese die mechanischen Bauteileigenschaften beeinflusst.

2.5 Zusammenfassung

Die Freigabe einer neuartigen Werkstoffstruktur für eine spezifische Anwendung ergibt
sich aus technologischer Sicht über den Vergleich der Funktionalität des Bauteils mit
den Anforderungen des Lastenheftes. Damit das grundsätzliche Leistungsvermögen
lasergesinterter Bauteile bewertet werden konnte, wurden quasistatische Kurzzeit-
versuche ebenso wie dynamische Langzeitversuche durchgeführt. Darüber hinaus
erfolgte eine Gegenüberstellung des Verhaltens von lasergesinterten Bauteilen und
spritzgegossenen Serienbauteilen. Basierend auf den Ergebnissen der durchgeführten
Funktionsprüfungen stellt sich die Ausgangssituation für lasergesinterte Schichtstrukturen folgendermaßen dar:

Mechanische Bauteileigenschaften Ausgenommen der stoßartigen Belastung im
Kopfaufschlagtest, zeigten lasergesinterte Bauteile in den ausgewählten Funktionsprüfungen ausreichende Beständigkeit gegen mechanische und klimatische Einwirkungen.
Zudem ließen die Prüfergebnisse die Abhängigkeit mechanischer Eigenschaften von
der Orientierung der Schichtstruktur und damit der Bauteilausrichtung im Fertigungsprozess erkennen. Solange die Orientierung der Bauteile im Lasersinterprozess
konstant gehalten wurde, konnte eine hohe Reproduzierbarkeit des Bauteilverhaltens
bezogen auf die Streuung von mechanischen Kennwerten, Versagenszeitpunkten und
Spannungs-Dehnungs-Kurven festgestellt werden. Vor dem Hintergrund der Integration lasergesinterter Kunststoffe in bestehende Produkt- und Fertigungsstrukturen
der Endkundenanwendungen ist es bedeutend, die Wirkmechanismen von lasergesinterten Schichtstrukturen aufzuklären. Zunächst scheint eine Präzisierung und
Abgrenzung der beobachteten Anisotropie erforderlich, um zweckmäßige Ansätze zur
Analyse der Zusammenhänge zu finden.

Oberflächeneigenschaften Um die Anforderungen an Oberflächen, die sich im
Wirkungsbereich des Fahrzeugnutzers befinden, zumindest mechanisch-technologisch
erfüllen zu können, bedarf es der Veredelung von lasergesinterten Oberflächen mit
einer funktionalen Beschichtung. Auf Basis von Lackierversuchen und den anschließenden Prüfungen der Haftfestigkeit und der Haptik wurde abgeleitet, dass die
Entwicklung eines geeigneten Lacksystems für die derzeitige Rauigkeit von Lasersinteroberflächen möglich ist. Ungelöst bleibt jedoch die Frage, wie prozesstechnisch mit
der Linienstruktur von lasergesinterten Oberflächen umgegangen werden soll. Ziel
der folgenden Untersuchungen muss es sein, den Ursprung der Oberflächenmerkmale
und die Konsequenzen im Hinblick auf die Bauteilfunktionalität zu klären.

3 Kenntnisse über lasergesinterte Schichtstrukturen

In Kapitel 2 wurde festgestellt, dass die Funktionalität lasergesinterter Bauteile wesentlich von der Orientierung der Schichtstruktur und damit der Bauteilausrichtung im Fertigungsprozess beeinflusst wird. Ziel dieses Kapitels ist es, relevantes Wissen zur Schicht- und Oberflächenstruktur vorzustellen und zu begutachten. Ein Augenmerk soll vor allem auf Erkenntnisse zum Lasersintern von teilkristallinen Kunststoffen gelegt werden, da die Untersuchungen dieser Arbeit auf PA 12 basieren. Aus Prozess-/ Produktperspektive interessiert, wie die lasergesinterte Kunststoffstruktur entsteht und wie deren Anisotropie bislang begründet wurde.

3.1 Entstehung der Schichtstruktur im Lasersinterprozess

Die für die Initiierung des Schmelzvorgangs erforderliche Prozessenergie wird zum großen Teil durch die Laserstrahlung lokal eingebracht [18]. Der Laserstrahl mit der Strahlleistung P bezogen auf den Strahlquerschnitt mit dem Fokusdurchmesser D wird zum Belichten und Schmelzen der Volumenelemente je Schicht in parallelen Linien mit dem Hatchabstand a_h, der Scanlänge L und der Belichtungsgeschwindigkeit v über die Pulverbettoberfläche bewegt (s. Bild 3.1 a).

Durch die Wiederholung der Prozessschritte einer Schicht (s. Bild 3.1 b) in z-Richtung entsteht im Bauprozess das physische Bauteil: Bei heutigen Lasersintersystemen beginnt jede Schicht mit dem Auftrag des Kunststoffpulvers. Eine in die Prozesskammer integrierte Infrarotheizung erwärmt das Pulver bis auf eine Temperatur knapp unterhalb des Schmelzpunktes [73, 74]. Nach der Belichtung der Schichtinformationen mit dem Laserstrahl kühlt jede Schicht zunächst einzeln, dann im generierten Bauteil auf die vorherrschende Prozesstemperatur ab. Der lasergesinterte Schichtverbund ist also das Ergebnis des Aufschmelzens, Verbindens und Erstarrens von Volumenelementen. Im Folgenden sollen diese physikalischen Einzelprozesse und ihre wesentlichen Kenngrößen im Überblick beschrieben werden.

3.1.1 Aufschmelzen und Erstarren

Um ein Verständnis für den Einfluss bestimmter Prozessgrößen auf den Charakter des lasergesinterten Schichtverbundes zu schaffen, soll zunächst die Verarbeitung des Kunststoffpulvers im Lasersinterprozess physikalisch beschrieben werden.

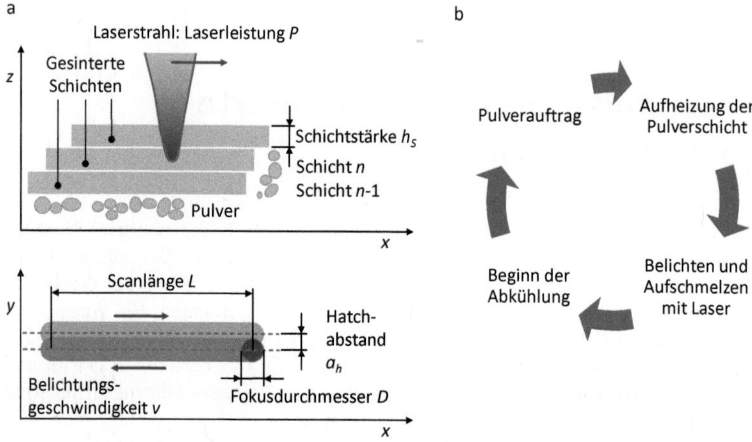

Bild 3.1: Technologisches Prinzip des Lasersinterverfahrens. - a) Kenngrößen [75, 76]; b) Verfahrensablauf je Schicht (auch in [24]).

Aufschmelzen

Phänomenologisch kann der Aufschmelzprozess in nachstehende Teilprozesse zerlegt werden (s. Bild 3.2) [76,77]: Energieeinkopplung durch den Laserstrahl, Wärmeausbreitung und Auf-/Verschmelzen des Kunststoffs. Durch Absorption im Teilprozess der Energieeinkopplung wird die Strahlungsenergie des Lasers in Wärme umgewandelt. Die Wärmeausbreitung bestimmt anschließend die Temperaturverteilung. Die Temperatur stellt schließlich die Bedingung für das Schmelzen des Kunststoffpulvers dar. Wie in Bild 3.2 mit Rückbezügen angedeutet ist, kann sich die Dichte, als Ergebnisgröße des Prozessschrittes Auf-/Verschmelzen, wiederum auf die Energieeinkopplung und Wärmeausbreitung der nachfolgenden Schichtgenerierung auswirken. In den nächsten Abschnitten sollen diese Wechselwirkungen verdeutlicht werden.

Energieeinkopplung   Die auf das Kunststoffpulver treffende Laserstrahlung wird nur zum Teil absorbiert. Die übrigen Strahlungsanteile werden transmittiert oder reflektiert, wie das Absorptionsgesetz $\alpha_\nu + \rho_\nu + \tau_\nu = 1$ mit dem Absorptionsgrad α_ν, dem Reflexionsgrad ρ_ν und Transmissionsgrad τ_ν bei der Wellenzahl ν beschreibt [38,78]. Ein PA 12-Lasersinterpulver absorbiert nach Messungen von Rietzel et al. [74] bis zu 60 % der einwirkenden Strahlleistung. Die Höhe der absorbierten, transmittierten oder reflektierten Anteile hängt zunächst von den Eigenschaften der Laserstrahlung ab, wie beispielsweise der Polarisationsart, dem Laserstrahldurchmesser oder der Intensitätsverteilung. Die Intensitätsverteilung der im Lasersinterprozess verwendeten CO_2-Laser entspricht dabei einem idealen Gaußprofil [76]. Weiterhin bestimmt die morphologische und geometrische Beschaffenheit des Pulvers, die Temperatur wie auch die Packungsdichte des Pulverbetts die Absorptionstiefe [76,79]. Nach

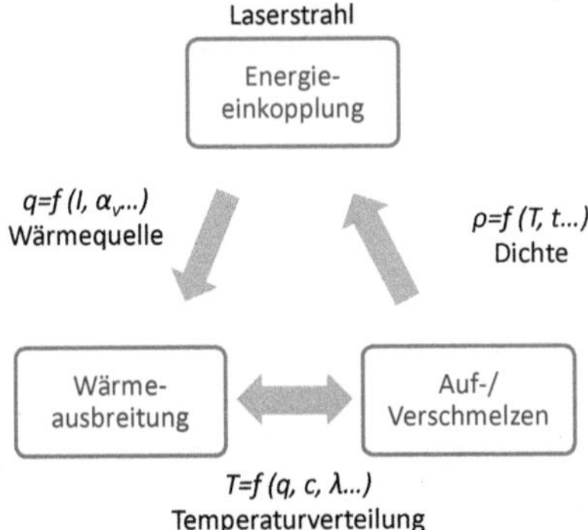

Bild 3.2: Teilprozesse des Aufschmelzens im Lasersinterprozess [76, 77].

Noeken [76] ändern sich die Absorptionswerte in Abhängigkeit vom Sintergrad jedoch marginal. Ebenso wurde die Temperaturabhängigkeit der optischen Werkstoffeigenschaften in theoretischen Modellen für vernachlässigbar gehalten [77].

Bedeutend für die Ausbildung der Volumenelemente und des Schichtverbundes ist der folgende Zusammenhang: Die Umsetzung der Strahlungsenergie des Lasers in Wärme erfolgt durch Absorption, die im oberflächennahen Bereich des Pulverbetts stattfindet [80]. Durch die Wechselwirkung mit dem Material verliert der Laserstrahl über die Tiefe an Intensität [81]. Die Anfangsintensität I_0 sinkt nach dem Lambertschen Absorptionsgesetz auf den Betrag I in Tiefe z_I [38],

$$I = I_0 \cdot e^{-E_I \cdot z_I} \quad , \tag{3.1}$$

mit E_I = Extinktionskoeffizient. Wie Tontowi [80] mit seiner Modellierung demonstrierte, steigt mit erhöhtem Anteil absorbierter Energie auch die Eindringtiefe z_I. Damit kann erwartet werden, dass die Dicke des im Lasersinterprozess entstehenden Volumenelements ebenfalls zunimmt. Zusätzlich ist zu bemerken, dass der Wärmestrom der Heizung bislang als konstant über den Verlauf des Bauprozesses in z-Richtung betrachtet wurde [80] und dessen eventuelle Änderung über den Bauprozess keine Berücksichtigung in den bekannten Prozessmodellierungen fand [76].

Wärmeausbreitung Wie in Bild 3.2 dargestellt, resultiert die lokale Temperatur verschiedener Stellen im Pulverbett aus der eingebrachten Wärme und der folgenden Wärmeausbreitung. Der Transport von Wärmeenergie basiert dabei auf Konvektion, Wärmeleitung und Wärmestrahlung, deren jeweilige Höhe von den spezifischen Prozessbedingungen bestimmt wird. Einige Arbeiten zeigten modellhaft, dass der Wärmeverlust über Strahlung oder Konvektion nur wenige Prozent beträgt. Es wurde daraufhin abgeleitet, dass die absorbierte Energie im Lasersinterprozess im Wesentlichen durch Wärmeleitung im Material abgeführt wird [75, 76].

Sowohl die spezifische Wärmekapazität c als auch die Wärmeleitfähigkeit λ des Pulverbetts gelten als bedeutende thermische Werkstoffkennwerte, die wesentlich von der Prozesstemperatur beeinflusst werden: Allgemein nimmt die spezifische Wärmekapazität c eines teilkristallinen Kunststoffs mäßig zu, wenn dieser erwärmt wird [38]. Tontowi [80] bestätigte für eine Pulverschüttung die Erhöhung der spezifischen Wärmekapazität mit zunehmender Pulverbetttemperatur. Auch der Wert der Wärmeleitfähigkeit des Pulverbetts nimmt grundsätzlich mit steigender Prozesstemperatur zu. Genau genommen hängt nach Keller [79] die Wärmeleitfähigkeit von Pulverschüttungen von der Wärmeleitfähigkeit der Partikel, also des Feststoffs, wie auch des eingeschlossenen Gases ab. Die Wärmeleitfähigkeit des Pulverbetts ist dabei aufgrund des eingeschlossenen Gases niedriger als die des Feststoffs. In modellhaften und empirischen Versuchen von Steinberger [77] und Tontowi [80] betrug die Wärmeleitfähigkeit einer PA 12-Pulverschüttung etwa 0,095 W/mK und die des PA 12-Feststoffs etwa 0,237 W/mK bei 175 °C. Was einen teilkristallinen Kunststoff im Feststoffzustand betrifft, so sinkt dessen Wärmeleitfähigkeit mit steigender Temperatur im Gegensatz zum Pulverbett. Generell wird Wärme in Kunststoffen über die Schwingungen der Kettenmoleküle und damit über kovalente Bindungen oder Nebenvalenzkräfte übertragen. Bei Erwärmung dehnt sich das spezifische Volumen des Kunststoffs thermisch aus, die Bindungskräfte reduzieren sich und die Wärmeleitfähigkeit nimmt ab [38]. Die Erhöhung der Wärmeleitfähigkeit mit zunehmender Pulverbetttemperatur wird auf die sich reduzierende Porosität des Pulverbetts und damit die höhere Materialdichte während des Aufheizvorgangs zurückgeführt [38].

Auf-/Verschmelzen Ob Aufschmelz- und Verbindungsprozesse von Kunststoffpartikeln im Lasersinterverfahren stattfinden, wird nach Alscher [73] über die Höhe der Oberflächenspannung/-energie des Polymers σ_S sowie über die im Prozess vorherrschende Temperatur T bestimmt. Die Viskosität η gilt hingegen als ein „hinreichendes Kriterium", das den Ablauf des Sintervorgangs beeinflusst [73].

Teilkristalline Kunststoffe schmelzen in einem Temperaturbereich auf, dessen Peaktemperatur T_{pm} in einer DSC-Messung (s. Bild 3.3 a) im Allgemeinen der Schmelztemperatur T_m des Kunststofftyps entspricht [82]. Für die Initiierung des Schmelzprozesses muss im Lasersinterprozess die Temperatur lokal bis in den Schmelzbereich des Polymers erhöht werden [73, 74].

Alscher [73] vergleicht das Verbinden von Kunststoffpartikeln im Lasersinterprozess phänomenologisch mit dem druckfreien Sintern. Das System des Pulverbetts ist demnach bestrebt, einen Zustand geringerer Energie einzunehmen. Der dafür notwendige Ausgleich der Energiedifferenz erfolgt durch Reduzierung aller inneren und äußeren Oberflächen einschließlich Poren. Durch die Reduzierung der Oberflächenspannung/-energie wird Energie freigesetzt, die dann für Materialtransportmechanismen entsprechend der Adhäsions-/Diffusionstheorie und dem viskosen Fließen zur Verfügung steht [73, 76, 80, 83]. Nach Mazur [83] können zwei Stufen der Verbindung infolge elastischer und viskoelastischer Deformation sowie des viskosen Fließens unterschieden werden: Ausbildung/Wachstum der Kontaktstelle und Einstellung eines Gleichgewichts der Materialeigenschaften innerhalb der Verbindung (s. Bild 3.3 b). Der Gleichgewichtszustand in Form einer isotropen Schmelze stellt sich dann ein, wenn die Relaxation von Spannungen, die Diffusion von Molekülketten und deren gleichmäßige Verteilung über die Verbindungsstelle hinweg erfolgt ist [83]. Schließlich bleibt zu bemerken, dass die Differenz zwischen der Oberflächenenergie der Partikel zur Oberflächenspannung der Schmelze sowie die Höhe der Oberflächenspannung der Polymerschmelze entscheidend für die Initiierung des Auf-/Verschmelzens sind [73].

Der zeitliche Verlauf der Aufschmelz- und Verbindungsprozesse wird von der Viskosität der Polymerschmelze bestimmt. Im Allgemeinen resultiert das Fließverhalten von thermoplastischen Kunststoffen im festen als auch im flüssigen Zustand aus elastischen, viskosen und viskoelastischen Eigenschaften. Die Deformation einer Schmelze stellt sich nicht sofort ein, sondern erst nach einer bestimmten Zeit, der Relaxationszeit τ_R, da Spannungen im Material erst zeitlich verzögert abgebaut werden [38]. In einigen Modellierungen der Schmelzvorgänge im Lasersinterverfahren wird nicht nur der viskose, sondern auch der viskoelastische Charakter von Polymerschmelzen berücksichtigt [77, 80, 83, 84]. Dabei zeigte sich, dass das elastische und viskoelastische Verhalten der Polymerschmelze auch im Lasersinterprozess erst nach der Relaxationszeit τ_R in ein viskoses Verhalten übergeht (s. Bild 3.4 a) [83, 84]. Es sollte deshalb davon ausgegangen werden, dass die physikalischen Prozesse der Kontaktbildung sowie des Materialtransports beim Auf- und Verschmelzen von Kunststoffpartikeln eine gewisse Zeit benötigen, um vollständig abzulaufen [77, 84].

Die Viskosität von Kunststoffschmelzen im Lasersinterprozess nimmt mit steigender Molmasse zu. Infolge der thermischen Belastung des Kunststoffpulvers im Lasersinterprozess erhöht sich beispielsweise bei PA 12 das Molekulargewicht durch Nachpolymerisation der Polymerketten [73, 85, 86]. Eine niedrige Viskosität im Lasersintern bewirkt dagegen eine gute Durchdringung der Schmelzephasen und damit eine geringere Porosität [73]. Bei teilkristallinen Kunststoffen reduziert sich die Viskosität am Kristallitschmelzpunkt besonders schnell (s. Bild 3.4 b) [38]. Schließlich soll darauf verwiesen werden, dass nach Nelson [75] mit Gl. 3.2, Tontowi [80] und Alscher [73] das Verhältnis der Oberflächenspannung zur Viskosität maßgebend für die zeitliche Änderung der Porosität ψ einer Pulverschüttung ist. Die Sinterrate k' von Frenkel (Gl. 3.3) folgt ebenso wie die Viskosität der Arrhenius-Gleichung [75],

$$-\frac{d\psi}{dt} = \frac{3}{2} \cdot \frac{\sigma}{\eta r_P} \cdot \psi = k' \cdot \psi \quad , \tag{3.2}$$

mit σ_S = Oberflächenspannung, η = Viskosität, ψ = Porosität, k' = Sinterrate und r_P = Partikelradius in

$$k' = A_k \cdot e^{\frac{E_a}{R_m T}} \quad , \tag{3.3}$$

mit A_k = Arrheniuskoeffizient, E_a = Aktivierungsenergie, R_m = allgemeine Gaskonstante und T = Temperatur.

Erstarren

In der konventionellen Kunststoffverarbeitung wird die Formgebung der Polymerschmelze genau betrachtet [26]: Während und nach der Formgebung im Werkzeug ändert sich das Volumen des entstehenden Kunststoffbauteils. Die Volumenreduk-

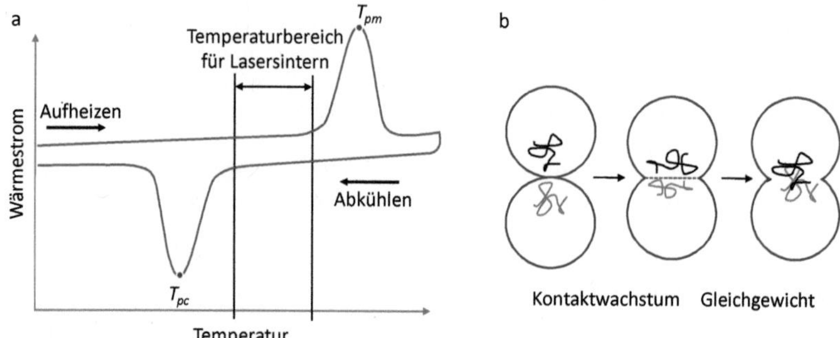

Bild 3.3: Voraussetzungen für das Auf-/Verschmelzen. - a) DSC-Kurvenverlauf eines teilkristallinen Kunststoffs mit Arbeitsbereich im Lasersintern [73, 74]; b) Modellhafte Beschreibung der Verbindungszustände [83].

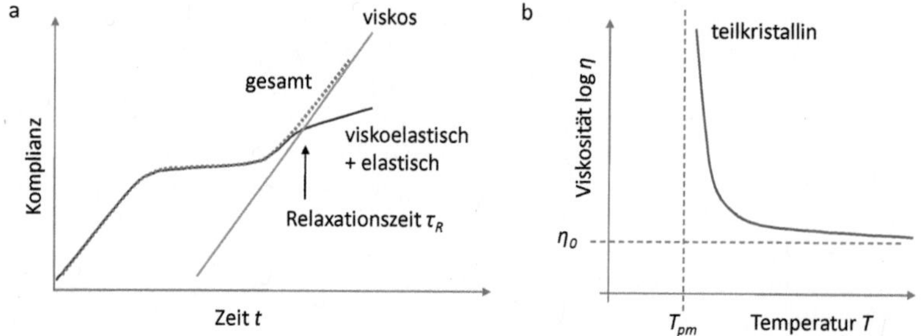

Bild 3.4: Einfluss der Viskosität auf den zeitlichen Verlauf des Auf-/Verschmelzens. - a) Viskoses Fließen und elastische, viskoelastische Deformation [83, 84] der Kunststoffschmelze; b) Temperaturabhängigkeit der Viskosität [38].

tion wird auch als Schwindung bezeichnet. Teilkristalline Kunststoffe schwinden einerseits aufgrund der physikalischen Vorgänge bei der thermischen Volumenausdehnung, andererseits aufgrund der Kristallisation an der Kristallisationstemperatur T_{pc}. Die Volumenabnahme eines teilkristallinen Kunststoffs erfolgt, wie auch der Aufschmelzvorgang (s. Bild 3.4 b), im Idealfall sprunghaft (s. Bild 3.5 a). Da die freiwerdende Kristallisationswärme erst abgeführt werden muss, kann die Abkühlung vorübergehend nicht fortschreiten.

Beim Lasersintern werden Schrumpfungs- und Schwindungsprozesse unterschieden: Schrumpfung beschreibt die Porositätsabnahme des Pulverbetts beim Belichten des Polymerpulvers und war bislang eher Untersuchungsgegenstand von Prozessmodellierungen. Dagegen bezieht sich die thermische Schwindung auf physikalische Vorgänge im Polymer. Keller [79] und Deckard [18] unterteilen die Schwindung in die Erstarrungs- und die Abkühlschwindung. Die Erstarrungsschwindung entspricht dabei der Volumenabnahme durch Kristallisation, die Abkühlschwindung der thermischen Volumenkontraktion. Im Lasersinterprozess werden durch die ungleichmäßige thermische Schwindung und Kristallisation von aufgeschmolzenen Volumenelementen asymmetrisch verteilte Spannungen im Volumenelement hervorgerufen, die zu Verzug führen. Als Ursachen gelten Temperaturgradienten infolge der anlagenspezifischen Prozessführung und allgemein der additiven Fertigung [73, 76, 79, 80]. Da sowohl das Auf-/Verschmelzen von Volumenelementen als auch die jeweilige Schwindung nacheinander erfolgen, behindern sich die Volumenelemente untereinander (s. Bild 3.5 b) [79].

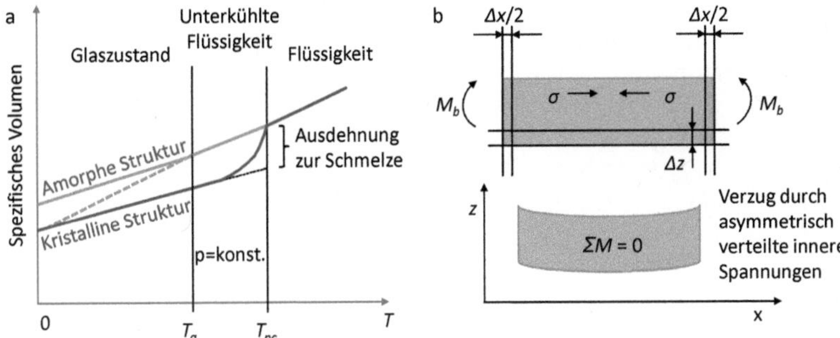

Bild 3.5: Physikalische Vorgänge beim Erstarren. - a) Thermische Volumenausdehnung eines teilkristallinen Thermoplasten [38]; b) Verzug eines lasergesinterten Volumenelements (schematisch) [79].

3.1.2 Entwicklung der Temperaturverteilung

Als Ergebnisgröße der vom Kunststoffpulver absorbierten und transportierten Wärmeenergie (s. Bild 3.2) beschreibt die Temperatur den thermischen Zustand im Lasersinterprozess. Damit Auf-/Verschmelzungsvorgänge prinzipiell ablaufen und die Dichte der dabei gefertigten Bauteile in einem optimalen Bereich liegt, wird eine ausreichend hohe Temperatur im Lasersinterprozess benötigt. Aufgrund der hohen prozesstechnischen Bedeutung soll die Temperatur vor dem Hintergrund des Lasersinterprozesses näher betrachtet werden.

Pulverbetttemperatur vor der Laserbelichtung

Wie folgende theoretische Überlegung verdeutlichen soll, liegen in einer aufgetragenen Pulverschicht bereits im Vorfeld der Laserbelichtung Stellen mit verschieden hohen Temperaturen vor: Deckard [18] unterschied in Volumenelemente einer neu aufgetragenen Pulverschicht, die über belichteten Strukturen der vorherigen Schicht liegen, und in Volumenelemente über unbelichtetem Pulver (s. Bild 3.6). Zum Zeitpunkt 1 entspricht die Temperatur T_{a1} des gesinterten Volumenelements A1 der Schmelztemperatur T_m: $T_{a1} = T_s$. Die Temperatur des Volumenelements B1, T_{b1}, stimmt mit der Umgebungstemperatur, also der Prozesskammertemperatur, T_0 (s. Abschnitt 4.1) überein: $T_{b1} = T_0$. Nach dem Auftrag der neuen Pulverschicht zum Zeitpunkt 2 werden die Temperaturen der Volumenelemente A2 und B2, T_{a2} und T_{b2}, vor dem Belichtungsvorgang durch die in der vorherigen Schicht gespeicherten Wärmemengen beeinflusst. Vereinfacht wird eine lineare Abhängigkeit der Temperaturen T_{a2} und T_{b2} von der Prozesskammertemperatur T_0 und den Peaktemperaturen der vorherigen Schicht T_{a1} und T_{b1} angenommen:

$$T_{a2} = T_0 + (T_{a1} - T_0)C \quad \text{und} \quad T_{b2} = T_0 + (T_{b1} - T_0)C \quad \text{mit} \quad C = \text{konst.}$$

Werden die zu Beginn aufgestellten Beziehungen, $T_{a1} = T_s$ und $T_{b1} = T_0$, berücksichtigt, so ergeben sich für T_{a2} und T_{b2} folgende Funktionen:

$$T_{a2} = (T_m - T_0)C + T_{b2} \tag{3.4}$$

$$T_{b2} = T_0 \quad . \tag{3.5}$$

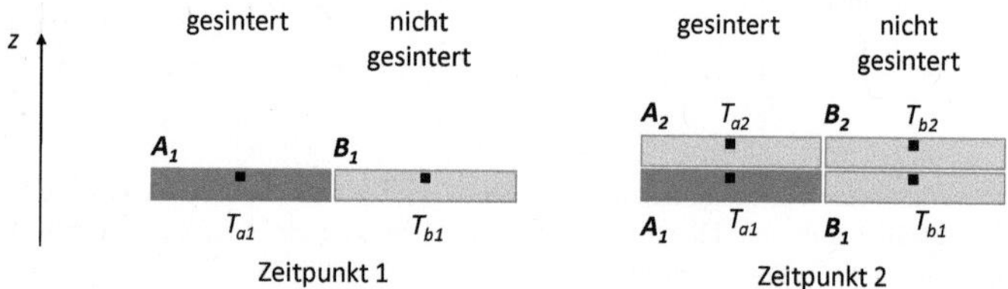

Bild 3.6: Modellhafte Überlegung zur Entwicklung von Pulverbetttemperaturen vor dem Belichtungsvorgang einer Schicht [18].

Auf Basis dieser Zusammenhänge lässt sich folgendes ableiten: Erstens wird nach Gl. 3.4 die Temperaturdifferenz zwischen den lokalen Temperaturen T_{a2} und T_{b2} durch die Erhöhung der Prozesskammertemperatur T_0 verringert. Wie bereits beschrieben (s. Abschnitt 3.1.1), gilt der Bauteilverzug als eine Folge von thermischen Spannungen. Gl. 3.4 bestätigt somit theoretisch, dass die Erhöhung der Prozesskammertemperatur T_0 eine Maßnahme zur Verzugsreduzierung ist. Zweitens zeigt Gl. 3.4, dass belichtete Volumenelemente als eigene Wärmequelle im Pulverbett fungieren und bereits vor der Energiezufuhr über den Laserstrahl lokale Temperaturgradienten verursachen.

Ein in die Prozesskammer integriertes Pyrometer nimmt die Strahlungsenergie einer definierten Pulverbettfläche auf und gibt diesen Wert an die Steuerungseinheit der Heizung weiter, wie in Abschnitt 4.1 detailliert wird. Nach dem Stefan-Boltzmannschen Gesetz ist die Strahlungsleistung eines Körpers proportional zur strahlenden Fläche A und der 4. Potenz der Körpertemperatur T,

$$P = k\varepsilon_\nu A T^4 \quad , \tag{3.6}$$

mit k = Boltzmann-Konstante und ε_ν = Emissionsgrad der strahlenden Fläche A [78]. Nelson [75] gab an, dass die Gesamtstrahlung einer Pulverbettoberfläche aus der Strahlung sowie der Reflexion von belichteten und unbelichteten Stellen resultiert,

$$kT_G^4 = \varepsilon_\nu kT_L^4 + \rho_\nu kT_L^4 \quad , \tag{3.7}$$

mit T_G = Globale Temperatur der Pulverbettoberfläche (Messwert des Pyrometers), ρ_ν = Reflexionsgrad der Pulverbettoberfläche und T_L = Pulverbetttemperatur eines spezifischen Bereichs. Nach Gl. 3.7 kann das Strahlungspyrometer auch kleine Temperaturänderungen erkennen. Bei einer Regeleinrichtung variiert damit die Energiezufuhr durch die Heizung je Schicht in Baufortschrittsrichtung.

Temperatur infolge der sequenziellen Belichtung durch den Laserstrahl

Der Energieeintrag im Belichtungsvorgang erfolgt über sequenzielles Belichten von entsprechend der Scanstrategie definierten Vektoren mit dem Laserstrahl (s. Bild 3.1). Die Laserbahnen überlappen sich dabei, weshalb ein spezifischer Punkt aufgrund der Intensitätsverteilung des CO_2-Laserstrahls verschieden hohe Energiemengen zeitlich verzögert erhält. Aus der Superposition der Intensitäten resultiert aufgrund der Wärmekumulation eine Maximalintensität, die mit der abgeleiteten Überlappungsvariablen γ_i und der Intensität im Strahlzentrum I_0 in Abhängigkeit des Hatchabstandes a_h ermittelt werden kann. Bild 3.7 zeigt die Verringerung der Überlappungsvariable mit Erhöhung des Hatchabstandes a_h bei der Überlaufzahl i [79].

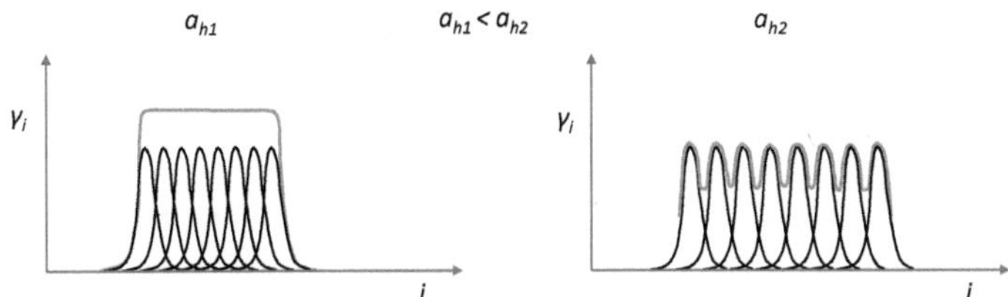

Bild 3.7: Superposition der Intensität in Abhängigkeit des Hatchabstandes [79].

Definierte Prozessstell- und Prozesskenngrößen (s. Bild 3.8) dienen dazu, die eingebrachte Energiemenge im Belichtungsprozess zu beschreiben [75, 76, 87]. Dabei stellen die Laserstrahlleistung P, der Fokusdurchmesser des Laserstrahls D, der Hatchabstand a_h, die Belichtungsgeschwindigkeit v und die Scanlänge L die primären Einflussgrößen dar. Die Flächenenergiedichte E_F mittelt die zugeführte Energie indem Laserstrahlleistung P, Belichtungsgeschwindigkeit v und Linienabstand a_h verknüpft werden. Mit Berücksichtigung der Schichtdicke h_s lässt sich aus der Flächenenergiedichte E_F die Volumenenergiedichte E_V ableiten [88]:

$$E_v = \frac{P}{v \cdot a_h \cdot h_s} \quad . \tag{3.8}$$

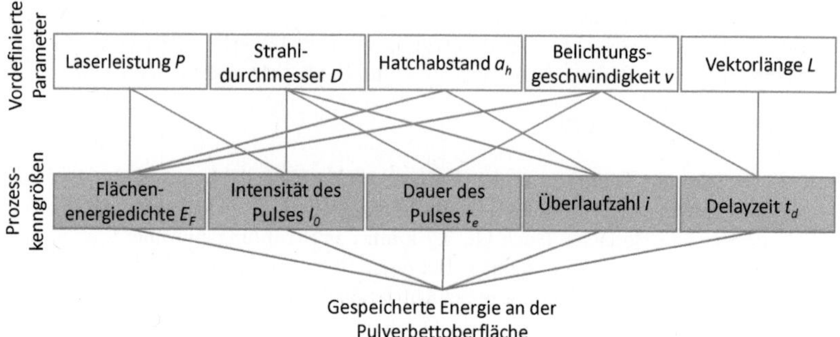

Bild 3.8: Prozessstellgrößen und Prozesskennwerte nach [87].

Um die Überlagerung und zeitliche Verzögerung der Energieeinträge kennzeichnen zu können, wurden sekundäre Parameter festgelegt [87]. So ergibt sich die Einwirkdauer des Laserstrahls t_e aus dem Laserstrahldurchmesser D und dessen Geschwindigkeit v:

$$t_e = \frac{D}{v} \quad . \tag{3.9}$$

Die Delayzeit t_d, die die Zeitverzögerung zwischen zwei Energieimpulsen beschreibt, ist abhängig von der Länge des Scanvektors L und der Belichtungsgeschwindigkeit v:

$$t_d = \frac{L}{v} \quad . \tag{3.10}$$

Zwar beschreibt die Delayzeit t_d die Zeitspanne zwischen zwei Energieimpulsen in der (x, y)-Ebene. Jedoch konnte keine definierte Prozesskenngröße ausfindig gemacht werden, die für die zeitliche Verzögerung der Belichtung eines auf die nächste Schicht projizierten Punktes in z-Richtung steht.

Was die aus dem Ablauf der Laserbelichtung resultierende Temperatur der Pulverbettoberfläche betrifft, so soll auf folgende Zusammenhänge auf Basis von Experimenten und Berechnungen hingewiesen werden: Grundsätzlich führt eine erhöhte Flächen- oder Volumenenergiedichte zu einer Zunahme der Maximaltemperatur im Pulverbett [76]. Keller [79] stellte außerdem fest, dass mit Zunahme der Scanlänge die Temperaturdifferenz von Rand zur Mitte deutlich größer wird. Bei kleinen Scanlängen ergab sich insgesamt eine höhere Maximaltemperatur und gleichzeitig eine über den Bauteilquerschnitt gleichmäßigere Temperaturverteilung [79].

3.2 Die lasergesinterte Schichtstruktur aus Produktsicht

Nach Beschreibung der physikalischen Vorgänge im Lasersinterprozess in Abschnitt 3.1, soll im folgenden Abschnitt dargestellt werden, welche Theorien es zur Anisotropie lasergesinterter Schichtstrukturen gibt und wie deren Oberflächengeometrie allgemein charakterisiert und erklärt wird.

3.2.1 Verbindungsmechanismen

Wissenschaftliche Arbeiten unterschieden bislang nicht eindeutig zwischen den Verschmelzungsprozessen innerhalb eines Volumenelements in (x, y)-Ebene und zwischen aufeinander folgenden Volumenelementen in z-Richtung. So machte Schultz [84] im Rahmen seiner Modellierung thermischer und rheologischer Vorgänge auf prozesstechnische Differenzen zwischen den beiden Verbindungsarten aufmerksam. Aufgrund der möglichen Folgen für die Bauteileigenschaften interessieren deshalb bisherige Ergebnisse und Theorien zur Materialstruktur in und quer zur Schichtungsrichtung. Neben einem ausgeprägten Kristallinitätsgrad [89, 90] gelten insbesondere Poren [75, 88, 91], unaufgeschmolzene oder nur teilweise aufgeschmolzene Partikel [92] als typische Merkmale einer lasergesinterten Kunststoffstruktur:

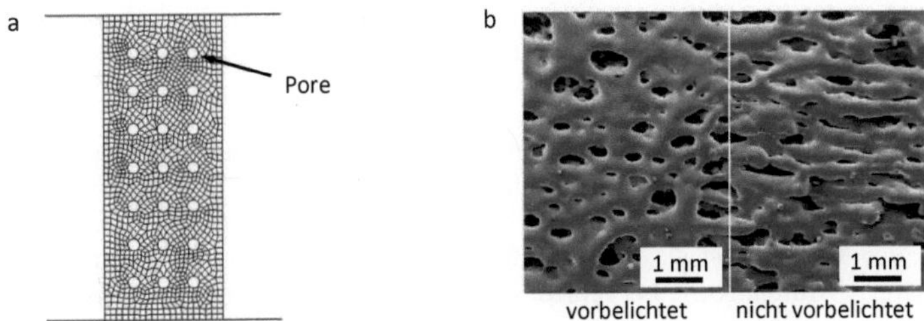

Bild 3.9: Porosität von lasergesinterten Kunststoffstrukturen. - a) Relativer Porenanteil in einem 2D-Berechnungsmodell [91]; b) Porenausbildung in Abhängigkeit der Anzahl der Belichtungsvorgänge [93].

Nach Ajoku et al. [91] lassen Poren im lasergesinterten Kunststoff keine definierte Form, Größe und Verteilung erkennen. Die Charakterisierung der Porosität von lasergesinterten Strukturen erfolgte bislang mit dem relativen Porenanteil. Beispielsweise wurde in Materialmodellierungen das Volumen der Poren gleichmäßig im Volumen des gesinterten Materials verteilt (s. Bild 3.9 a), ohne die Schichtstruktur zu berücksichtigen [75, 91]. Die Entstehung von Poren wird vielfach auf unvollständiges Auf-/Verschmelzen oder gar Zersetzen des Kunststoffs aufgrund einer zu geringen, unregelmäßigen oder zu hohen Energiezufuhr zurückgeführt [94]. Weiterhin gelten Materialbewegungen an der Phasengrenze flüssig/fest im Pulverbett als mögliche Ursache der Porenbildung. Seul [86] machte beispielsweise auf die Absorption der

Polymerschmelze durch das Pulverbett infolge der Kapillarwirkung aufmerksam.
Zudem beobachtete Fan [93] eine durch die Schmelze eingeleitete Bewegung des
Pulvers senkrecht zur Scanrichtung: Eine auf dem Pulverbett (Kunststofftyp: PC)
definierte Fläche wurde zweimal belichtet. Auf die erste Belichtung mit geringer Energie ($P = 3$ W) folgte ein zweiter Belichtungsvorgang, wodurch die Kunststoffpartikel
mit höherer Energiedichte ($P = 8{,}75$ W) aufgeschmolzen wurden. Die Oberflächen
der geschmolzenen Volumenelemente werden aus Bild 3.9 b ersichtlich. In der nicht
vorbelichteten Fläche haben sich scheinbar längliche Poren entlang der Scanrichtung
ausgebildet. Hingegen zeigt die vorbelichtete Oberfläche, dass die Poren eine rund-
liche Form angenommen haben. Es wurde vermutet, dass durch die Vorbelichtung
des Volumenelements Pulverpartikel fixiert und damit in ihrer Bewegungsfreiheit
eingeschränkt wurden.

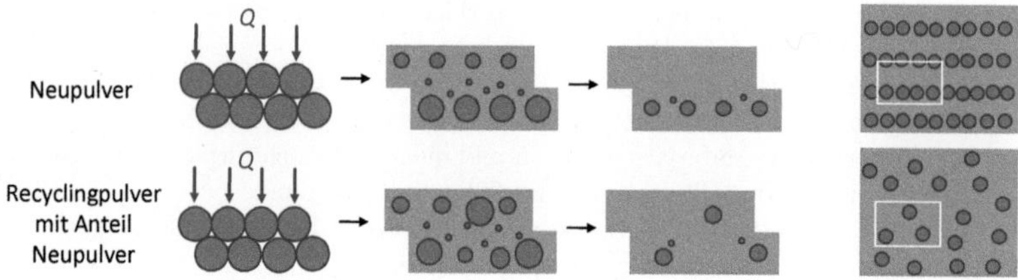

Bild 3.10: Schematische Darstellung zum Aufschmelzungsgrad und zur Verteilung der
Partikelkerne im lasergesinterten Material [92].

Vielfach wird im Rahmen von Gefügeuntersuchungen auf unaufgeschmolzene
Partikel im lasergesinterten Kunststoff verwiesen [95]. Diese Partikelkerne können
scheinbar in ordnungsloser Verteilung oder in schichtenartigen Ansammlungen vorliegen, wie Moeskops et al. [92] bei aufgefrischtem Pulver, also Recyclingpulver mit
Neumaterial-Anteil, sowie bei reinem Neupulver bemerkten und in einem Materialmodell skizzierten (s. Bild 3.10). Es wurde vermutet, dass die Kunststoffpartikel
in tieferliegenden Bereichen einer Schicht aufgrund zu geringer Temperaturen nicht
mehr vollständig aufgeschmolzen werden können. Generell bestätigten Versuche von
Zarringhalam [90], dass sich der Anteil an unaufgeschmolzenem Material bei Reduzierung der Energiezufuhr beispielsweise in Form der Laserbelichtung erhöht. Was
die Reichweite des Temperaturfeldes betrifft, so zeigte Keller [79] in Berechnungen
und Experimenten, dass die Temperatur eines Pulverbetts mit der Tiefe abnimmt:
In Abhängigkeit der Pulverbetttiefe verändern sich die Absorptionslänge, die sowohl
die Temperaturverteilung als auch die Werkstoffeigenschaften wie beispielsweise die
Wärmeleitfähigkeit beeinflusst. Zudem können Partikel aufgrund der Kapillarkräfte
eines Feststoff-Schmelze-Gemisches in die Schmelze wandern, wodurch der Kontakt
zum darunterliegenden Material verschlechtert wird [79]. Darüber hinaus beobachtete
Noeken [76], dass mit steigender Energiedichte des Laserstrahls die Breite eines im
Pulverbett entstehenden Linienprofils in stärkerem Maße zunimmt als die Linientiefe.
Er schließt daraus, dass die oberflächennahe Wärmeausbreitung leichter abläuft als
der Wärmetransport in die Tiefe.

Nach Moeskops [92] ist die Anisotropie der mechanischen Eigenschaften eine Folge der Temperaturverteilung und der dadurch beeinflussten Schichtverbindungen in z-Richtung. Jedoch bleibt offen, wie die Anisotropie der mit aufgefrischtem Pulver hergestellten Materialproben begründet werden soll, da nach Bild 3.10 keine richtungsabhängige Konzentration der Partikelkerne erkennbar ist. Ajoku [96] führt ebenfalls die Anisotropie auf die Unterschiede in der Intensität der Verbindung von bereits belichteten und aufgeschmolzenen Pulverpartikeln in x-, y- und z-Richtung zurück. Die bereits in Abschnitt 3.1.2 erläuterten Verzögerungszeiten von zeitlich aufeinander folgenden Energieimpulsen durch den Laserstrahl werden als Ursache für die unterschiedliche Güte der Verbindungen gesehen. In z-Richtung werden demnach die schwächsten Verbindungen ausgebildet [96]. Als Maß für die Verbindungsgüte werden die Durchmesser D_x, D_y und D_z der Verbindungsstellen definiert (s. Bild 3.11).

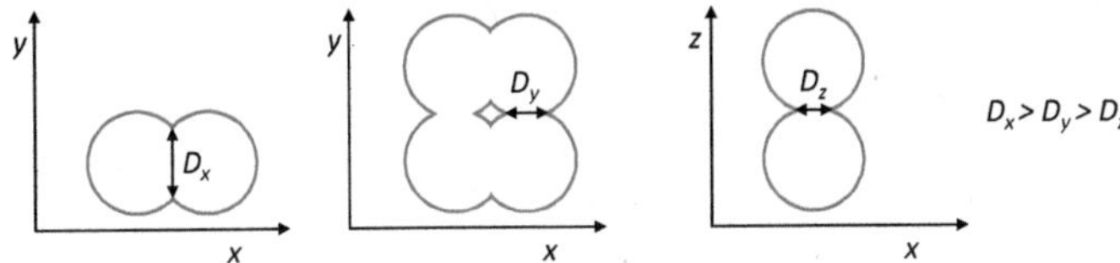

Bild 3.11: Querschnitte der Verbindungsstellen in x-, y- und z-Richtung [96].

Infolge der eindimensionalen Gesetze der Wärmeleitung verbinden sich Kunststoffpartikel der Reihe nach und bestimmen damit die Randzonen von lasergesinterten Kunststoffbauteilen (s. Bild 3.12) [18].

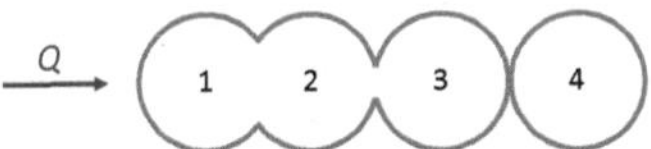

Bild 3.12: Ausbildung der Randzonen lasergesinterter Kunststoffe [18].

Tontowi [80] berücksichtigte in seinen Prozessmodellierungen eine geringere Dichte der Randzonen gegenüber der Kernstruktur (s. Bild 3.13). Er machte auf die Abhängigkeit der Schichtstärke von der Schichtzahl aufmerksam, vor allem zu Beginn des Bauprozesses. Für $n > 1$ ergibt sich die aufgetragene Pulverschichthöhe H_n der Schicht n aus der gesinterten Schichtdicke h_{n-1} der vorherigen Schicht $n - 1$ und der konstanten anlagenabhängigen Schichtstärke h_S [97]:

$$H_n = h_S + H_{n-1} - h_{n-1} \quad . \tag{3.11}$$

Erst nach mehreren Schichten und unter der Voraussetzung eines stabilen Prozesses wird H_n unabhängig von der Schichtzahl. Weiterhin stimmt in diesem Fall h_n mit h_S überein: $h_n = h_S$.

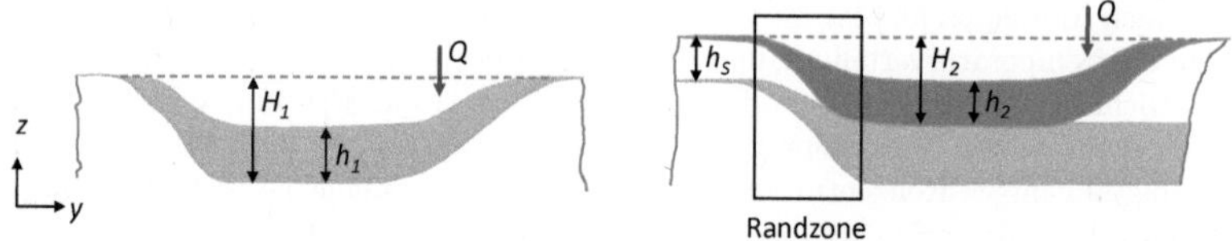

Bild 3.13: Modell der Schichtengenerierung in z-Richtung: Abhängigkeit der Schichtstärke von der Schichtzahl und Materialdichte des Randbereichs [97].

3.2.2 Oberflächenbeschaffenheit und anisotropes Werkstoffverhalten

Nach der Funktionsprüfung von lasergesinterten Bauteilen in Kapitel 2, soll der folgende Abschnitt dazu dienen, Untersuchungsergebnisse sowohl zur Oberflächencharakteristik als auch zur Anisotropie mechanischer Eigenschaften von Probegeometrien darzustellen.

Charakterisierung der Oberflächengeometrie

Allgemein wird die Oberflächenbeschaffenheit mittels gebräuchlicher Rauheitskenngrößen, wie dem arithmetischen Mittenrauwert Ra oder der mittleren Rautiefe Rz charakterisiert. Beispielsweise berücksichtigten verschiedene Modelle zur Beschreibung der Rauigkeit die bestehenden Kenntnisse sowohl über geometrische Zusammenhänge des Oberflächencharakters (s. Bild 3.14 a) als auch über physikalische Vorgänge im Fertigungsprozess [98, 99] (s. Bild 3.14 b). Das Ziel der Modellierungen war es dabei, die für eine geringe Oberflächenrauigkeit optimale Orientierung im Vorfeld der Fertigung zu finden. Konkret zeichnet sich die Oberflächentopographie eines lasergesinterten Bauteils zum einen durch die Form des pulverförmigen Ausgangsmaterials aus (s. Abschnitt 3.2.1), zum anderen durch die typischen Treppenstufen, die auf dem Prinzip der additiven Fertigung beruhen. Die Treppenstufen bewirken besonders bei geneigten oder runden Geometrien eine Abweichung der Ist-Kontur zur Soll-Kontur [100]. Die maximale theoretische Abweichung s, die als ein Indiz für die tatsächliche Rautiefe des Bauteils gilt, wird von der Schichtstärke h_S und dem Winkel θ zwischen der Baufortschrittsrichtung z und den Normalenvektor n der Bauteiloberfläche bestimmt [100]:

$$h_S = \frac{s}{\cos\theta} \quad . \tag{3.12}$$

Neben dem geometrischen Zusammenhang (Gl. 3.12) wird die Oberflächenausbildung auch von den Fertigungsbedingungen im Lasersinterprozess beeinflusst. So weist eine lasergesinterte Oberfläche eine geringere Rauigkeit auf, wenn deren Normalenvektor entgegen der Baufortschrittsrichtung z zeigt. Als Ursachen für diese Beobachtung werden folgende Faktoren gesehen: Erstens bilden lasergesinterte Schichten ein charakteristisches Profil aus (s. Bild 3.14 b) [101], welches auf die Gaußsche Verteilung der Intensität des Laserstrahls, das Fließverhalten der Kunst-

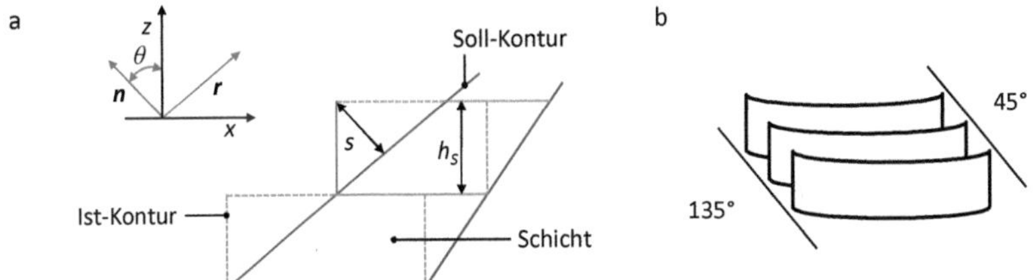

Bild 3.14: Oberflächencharakter infolge des additiven Fertigungsprinzips. - a) Theoretische Oberflächenausbildung [100]; b) Schichtenprofil infolge der Fertigungsbedingungen im Lasersintern [101].

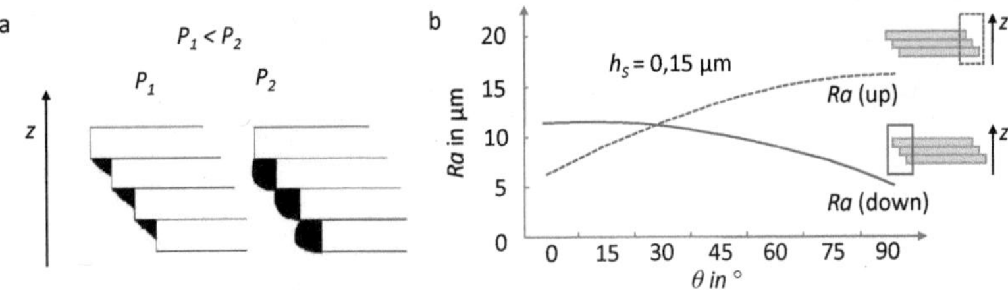

Bild 3.15: Reduzierte Oberflächenrauigkeit im Lasersinterprozess [102]. - a) „Gefüllte" Oberflächenkontur b) Arithmetischer Mittenrauwert Ra in Abhängigkeit der Oberflächenorientierung.

stoffschmelze und die thermischen Bedingungen bei der Erstarrung zurückgeführt wird [76, 86]. Zweitens lässt sich bei näherer Betrachtung eine Füllung der Kontur feststellen (s. Bild 3.15 a, Bild 3.15 b), die als Folge der Eindringtiefe des Laserstrahls gilt [99, 102]. Den Abbildungsgrad bestimmt das Verhältnis der Laserleistung zur Schichtdicke. Auf dieser Basis lässt sich der Stufeneffekt und die Grundrauigkeit einer lasergesinterten Oberfläche bereits im Bauprozess reduzieren [102].

Anisotropie der mechanischen Eigenschaften von Zugproben

Die Anisotropie der mechanischen Eigenschaften wurde bislang in Abhängigkeit von den in Bild 3.16 a dargestellten Bauteilausrichtungen sowie der Richtung der Belichtungsvektoren ermittelt: Bezogen auf die Ausrichtungen der Probekörper konnten Ajoku et al. [96] und Gibson et al. [103] die höchsten Werte für Zugfestigkeit, E-Modul (Zug- und Biegeversuch) und Bruchdehnung (Zugversuch) bei den zur (x, y)-Ebene parallel ausgerichteten Proben (y90, x0) ermitteln. Gleichzeitig waren bei den y90- und x0-Proben die höchsten Streuungen der Biege- und Zugfestigkeit, des Biege-E-Moduls und der Bruchdehnung zu erkennen. Die Gründe für die höheren Streuungen wurden in den Abkühlbedingungen gesehen, die mit der Größe der Belichtungsflä-

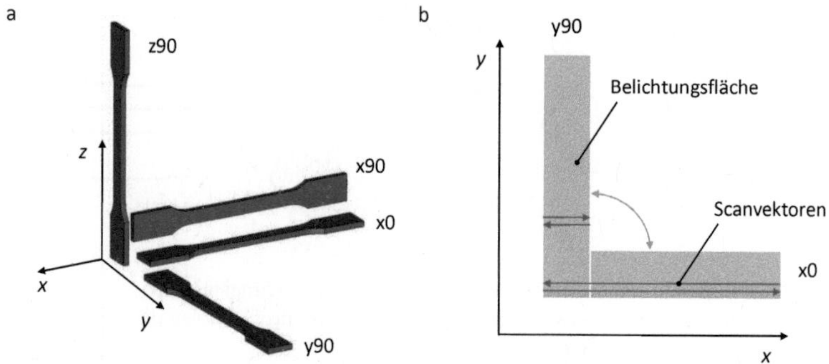

Bild 3.16: Aufbau von Probegeometrien zur Ermittlung der mechanischen Eigenschaften in Abhängigkeit der Orientierung. - a) Betrachtete Orientierungen; b) Darstellung der Scanvektoren in x-Richtung.

che ungleichmäßiger werden [96, 103]. Die geringsten Festigkeiten, Steifigkeiten und Bruchdehnungen zeigten tendenziell die in z-Richtung orientierten z90-Probekörper. Eine Ausnahme stellt die von Caulfield [94] ermittelte Bruchdehnung dar, die bei in z-Richtung orientierten Proben vergleichsweise größere Werte erkennen ließ. Es wurde dabei spekuliert, dass sich der Bereich zwischen den Schichten leichter verformt, als das innerhalb der Schichten stärker verdichtete Material. Die meist beobachtete Differenz der mechanischen Eigenschaften von in z-Richtung und parallel zur (x, y)-Ebene ausgerichteten Proben zeigte sich nicht in Langzeituntersuchungen des Kriechverhaltens von Moeskops et al. [92].

Die Belichtung von Volumenelementen kann bei Verwendung der derzeitigen Anlagentechnik mittels Scanvektoren lediglich in x- oder y-Richtung erfolgen (s. Abschnitt 4.1.1). Während bei den betrachteten Probekörperausrichtungen y90, x90 und z90 die Belichtung zwischen der x- und y-Richtung wechselte, wurde in anderen Zugversuchen der Frage nachgegangen, ob auch in Abhängigkeit der Belichtungsrichtung die Anisotropie mechanischer Eigenschaften festgestellt werden kann. Jain et al. [104] variierten zusätzlich die Vektorenlänge über die Ausrichtung einer zur (x, y)-Ebene parallelen Zugprobe. Hinsichtlich der Zugfestigkeitswerte wurde eine geringfügige Veränderung festgestellt [79, 101, 104], deren Signifikanz jedoch fraglich erscheint.

Als Ursache der Anisotropie mechanischer Eigenschaften wurde größtenteils der weniger intensive Verschmelzungsgrad von in z-Richtung aufeinander folgenden Schichten gesehen [96, 101, 103]. Teilweise wurde auch ein gewisser Einfluss von Unregelmäßigkeiten wie Poren oder unaufgeschmolzene Partikel vermutet [92], die nach [90, 92, 105] die mechanischen Eigenschaften von lasergesinterten Kunststoffen generell beeinträchtigen. Beispielsweise scheinen unaufgeschmolzene Partikelkerne im Materialinneren das Dehnungsvermögen des lasergesinterten Kunststoffs zu reduzieren [92]. Das inhomogene Bruchbild vor allem von in der (x, y)-Ebene liegenden Proben führte Caulfield et al. [94] auf die spezifische Fehlstellen-Verteilung je Schicht zurück. Bezogen auf die Gefügestruktur wurde die Dichte als ein Kennwert definiert, dessen Höhe mit der Abnahme von Poren und unaufgeschmolzenem Material ansteigt. Im Rahmen von Ermüdungsversuchen konnte festgestellt werden, dass die Bruchschwingspielzahl von lasergesinterten Probekörpern mit der Dichte des Materials korreliert [106]. Schließlich wurde beobachtet, dass mit höherer Energiedichte oder zeitlich optimierter Energiezufuhr der Laserbelichtung die Dichte und die mechanischen Eigenschaften zunehmen, die Anisotropie dagegen abnimmt [90, 92, 105]. Über Modellierungen bestätigte Tontowi [80] außerdem, dass mit zunehmender Pulverbetttemperatur die resultierende Dichte des lasergesinterten Bauteils erhöht werden kann.

3.3 Zusammenfassung

Für das planvolle Vorgehen bei der Untersuchung des mechanischen Wirkprinzips von lasergesinterten Kunststoffen sollte geklärt werden, welche Kenntnisse über die Anisotropie und den allgemeinen Materialcharakter bei mechanischer Beanspruchung vorliegen. Darüber hinaus war es von Interesse, wie die Kern- und Oberflächenstruktur von lasergesinterten Bauteilen im Lasersinterprozess entstehen. Das verfügbare Wissen lässt sich wie folgt zusammenfassen:

Physikalische Prozesse Die Grundlagen zur Charakterisierung lasergesinterter Kunststoffe stellen die physikalischen Einzelprozesse des Lasersinterverfahrens dar. Dabei handelt es sich um die Energieeinbringung, den Wärmetransport, die Sinterdynamik und die Erstarrung. In welcher Form sich die Volumenelemente in x-, y- und z-Richtung ausbilden, wird vor allem über die im Material vorliegende Temperatur bestimmt. Die Inhomogenität der lasergesinterten Materialien wurde bislang als relativer Anteil beschrieben und auf die sequenzielle Verarbeitung von Punkten mit jeweils unterschiedlichen Energieniveaus zurückgeführt.

Oberflächenprofil Die Beschreibung des Oberflächenprofils erfolgte bislang über Rauheitskenngrößen. Im Rahmen von Oberflächenmodellierungen wurden Rauheitsfunktionen entwickelt, die sowohl geometrische Beziehungen als auch die fertigungstechnische Beeinflussung der Oberflächenausbildung berücksichtigen sollten: Die theoretische Rauigkeit einer additiv gefertigten Oberfläche wird über das Verhältnis der Schichtstärke h_S zum Winkel θ zwischen dem Normalenvektor der Oberfläche und der Baufortschrittrichtung z bestimmt. Weitere Merkmale lasergesinterter Oberflächen resultieren aus den Bedingungen im Fertigungsprozess und umfassen die typische Wölbung der Schichten und die Füllung der Treppenstufen. Oberflächen, deren Normalenvektor entgegen der Baufortschrittsrichtung zeigt, weisen eine vergleichsweise geringe Rauigkeit auf. Insgesamt ermöglichen Kenngrößen zwar eine erste Bewertung der durchschnittlichen Rauheit lasergesinterter Oberflächen, die auch für Grobvergleiche von Oberflächen genutzt werden kann. Einzelne Profilmerkmale, wie beispielsweise die in Kapitel 2 beobachteten Oberflächenlinien werden damit jedoch nicht erfasst.

Anisotropie des Werkstoffverhaltens   Bislang wurde die Anisotropie mechanischer Eigenschaften von lasergesinterten Probekörpern lediglich im Kurzzeit-Zugversuch bemerkt. Poren, unaufgeschmolzenes Material sowie die Intensität der Schichtverbindung in x- ,y- und z-Richtung wurden als Ursachen vermutet und teilweise mit mikroskopischen Beobachtungen verknüpft. Es erfolgte keine weitere Konkretisierung und Interpretation der Ergebnisse, insbesondere im Hinblick auf Konsequenzen für die Produktgestaltung. Die Zugfestigkeit von Proben, die ausschließlich mit in x-Richtung belichteten Volumenelementen hergestellt wurden, unterschied sich offensichtlich nur geringfügig von der Zugfestigkeit lasergesinterter Proben, deren Fertigung auf Belichtungsvektoren in y-Richtung basierte. Anisotropie scheint deshalb vor allem auf die Verbindung von Volumenelementen in z-Richtung zurückzugehen.

4 Verwendete Fertigungs- und Prüfprozesse

Im folgenden Kapitel werden die Fertigungsprozesse und Prüfmethoden beschrieben, die Eingang in die Struktur- und Oberflächenanalyse gefunden haben. Im Mittelpunkt stand die Betrachtung des mechanischen Wirkprinzips von lasergesinterten Schichtsystemen.

4.1 Bauteilherstellung

Bei den analysierten Bauteilen und Probekörpern handelte es sich um lasergesintertes PA 12, wobei teilweise zur Unterstützung der Strukturanalyse auch spritzgegossenes PA 12 verwendet wurde. Die folgende Beschreibung der verwendeten Fertigungsprozesse konzentriert sich auf die Lasersintertechnologie als das zu betrachtende Kunststoffverarbeitungsverfahren.

4.1.1 Anlagentechnik

Aufgrund der Abhängigkeit der Werkstoffeigenschaften von den Verarbeitungsbedingungen, wie bereits in Abschnitt 1.2 betont, soll im Folgenden die für Herstellung der untersuchten Materialproben und Bauteile verwendete Anlagentechnik einschließlich Anlagenaufbau, Heizungseinrichtung, Belichtungsarten und Prozesszeiten beschrieben werden.

Aufbau der Anlage Den Aufbau der verwendeten Lasersinteranlagen vom Typ P100 und P380 (Hersteller: EOS GmbH) zeigt schematisch Bild 4.1. Der Anlagentyp legt dabei den Einstellbereich der Schichtstärke h_S fest, die dem Hub der Bauplattform entspricht. So wurden die Bauteile und Probekörper entweder mit einer Schichtstärke h_S von 0,1 mm (Anlagentyp: P100) oder mit 0,15 mm (Anlagentyp: P380) generiert [107, 108]. Die verwendeten Anlagen verfügen über einen Bauraum (x x y x z) von 200 x 250 x 300 mm (Anlagentyp: P100) oder 340 x 340 x 620 mm (Anlagentyp: P380). Sowohl für die additive Fertigung als auch für die Datenaufbereitung ist ein Bezugssystem notwendig, welches mit dem Koordinatensystem der Anlage übereinstimmt. Die 3D-Volumenmodelle der entsprechenden Bauteilgeometrien werden über die RP (Rapid Prototyping) Software Magics im virtuellen Bauraum positioniert, orientiert und anschließend skaliert. Der vollständige Datensatz wird schließlich als „Baujob" bezeichnet. Die Umwandlung („Slicen") im „Baujob" enthaltenen 3D-Datensätze in Volumenelemente mit der Schichtdicke h_S erfolgt mit EOS RP-Tools. Zum Ausgleich der Schwindungs- und Schrumpfungsprozesse während der Verarbeitung werden die Datensätze skaliert. Im Rahmen dieser Arbeit betrug der Skalierungsfaktor in x- und y-Richtung 3,4 %, in z-Richtung 1,9 %.

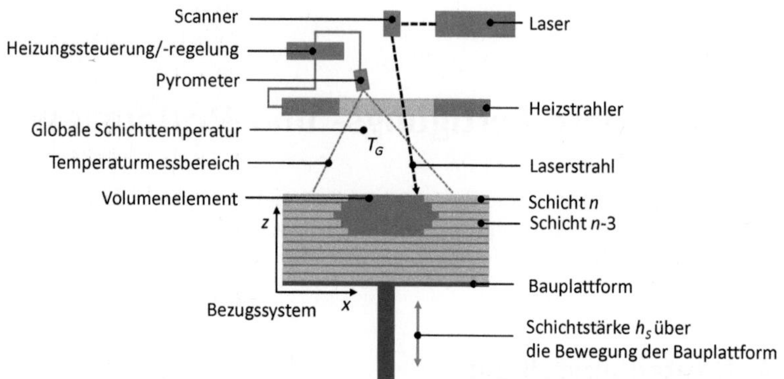

Bild 4.1: Aufbau einer Lasersinteranlage (ähnlich bei [109–111]).

Da die Vergleichbarkeit der Anzahl und der Geometrie der Volumenelemente
eines Bauteils für die Untersuchung von großer Bedeutung war, wurde während der
Datenvorbereitung ein besonderes Augenmerk auf die z-Ortskoordinate der ersten
Schicht gelegt. Da die Abmessungen von Bauteilen in z-Richtung nicht immer genau
in 0,1 oder 0,15 mm teilbar sind, entsteht oftmals ein systematischer Fehler. Der
Berechnungsprozess rundet dabei die Schichtenzahl eines Bauteils auf- oder ab.
Wenn es der Bauraum der Anlage ermöglichte, wurden deshalb die Bauteile, deren
Verhalten in den Prüfungen gegenübergestellt werden sollte, jeweils auf eine gleiche
z-Ortskoordinate gelegt (=Positionierung). Vor dem Start des Bauprozesses wurden
die berechneten Volumenelemente zusätzlich kontrolliert und ggf. nachpositioniert.

Belichtungsarten   Nach dem „Slicen" werden die geometrischen Schichtdaten über
die EOS Prozesssoftware PSW 3.3 mit Angaben zur Belichtung verknüpft. Es wird
dabei in die Belichtung der Kontur (Kontur-Belichtung) und der Fläche (Füllen oder
Fill) eines Volumenelements unterschieden (s. Bild 4.2). Allgemein gilt, dass mit der
Verwendung einer Kontur-Belichtung die Unregelmäßigkeiten der lasergesinterten
Oberfläche reduziert werden [101, 108]. In Bezug auf das Füllen einer Volumenele-
mentfläche und das Bezugssystem des Bauraums wurden folgende Einstellungen für
die Fertigungsprozesse genutzt [108, 112–114]:

- „Skywriting": Der Modus „Skywriting" zeigt an, dass der Laserstrahl im ausge-
  schalteten Zustand außerhalb der Belichtungsfläche beschleunigt oder abgebremst
  wird.

- „Sorted": Der Laserstrahl belichtet Teilflächen eines Volumenelementes nacheinander, beispielsweise bei Flächen mit Durchbruch.

- Belichtungsrichtung „Alternierend": In z-Richtung aufeinanderfolgende Volumenelemente werden abwechselnd in x- und y-Richtung belichtet.

- Belichtungsrichtung „x-Richtung"/Belichtungsrichtung „y-Richtung": Die Volumenelemente eines Bauteils werden in einer Richtung belichtet, entweder in x- oder
  in y-Richtung. Die Belichtungsrichtung entspricht dabei dem Bezugssystem des
  Bauraums.

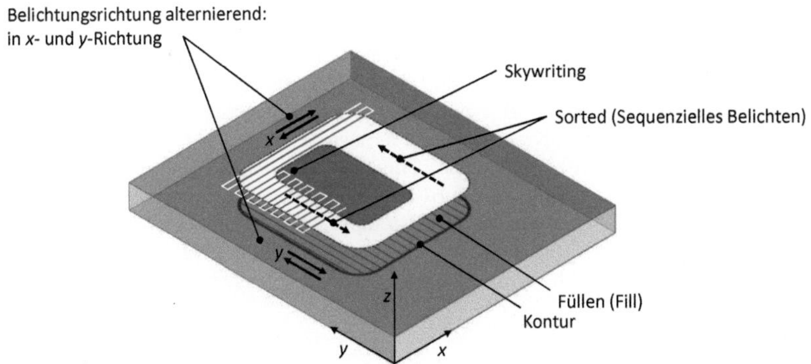

Bild 4.2: Belichtungsarten mit Bezugssystem (ähnlich bei [112–114]).

Heizungseinrichtung Da die Steuer- und/oder Regeleinrichtung der Prozesskammer-
Heizung als ein maßgeblicher Einflussfaktor in Bezug auf die Oberflächenstruktur
gesehen wird, soll hiermit kurz deren Funktionsweise skizziert werden. Grundsätzlich
besteht die Aufgabe der Heizstrahler darin, eine neu aufgetragene Pulverschicht
vor dem Belichten auf Arbeitstemperatur zu erwärmen. Bei der Prozesskammerhei-
zung handelt es sich um eine Flächenheizung (2,4 kW [113]), deren Heizleistung
offensichtlich über die von dem Strahlungspyrometer gemessene Pulverbetttemperatur beeinflusst wird. Nach den in Abschnitt 3.1.2 vorgestellten Zusammenhängen
entspricht der Messwert der globalen Temperatur T_G der zuletzt aufgetragenen
Pulverschicht vor Beginn der Belichtung (s. Gl. 3.6 und Gl. 3.7). Der Großteil
der Pulverbettfläche sollte dabei im Messbereich des Strahlungspyrometers liegen.
Wie in Abschnitt 3.1.2 dargestellt, wird eine neu aufgetragene Pulverschicht über
Wärmetransportmechanismen von bereits belichteten Volumenelementen beeinflusst.
Damit verändert sich je nach Anteil der belichteten Flächen vorheriger Schichten,
das Emissionsvermögen der neu aufgetragenen Pulverschicht. Schließlich bestimmt
die Trägheit der Heizungseinrichtung und des Pulverbetts, wie genau und schnell
der Wärmehaushalt der Schichten ausgeglichen werden kann. Verschiedene Patente
weisen auf technische Lösungsvorschläge hin, die den Temperaturmessbereich des
Pyrometers insbesondere räumlich während der Prozesszeit einer Schicht verändern,
damit eine genauere Prozessführung möglich wird [109, 110].

Prozesszeiten Wie in Bild 3.1 dargestellt, erfolgt die Verarbeitung einer Schicht im generativen Bauprozess in verschiedenen Prozessschritten. Bei dem verwendeten Anlagentyp P100 bestand die Möglichkeit, den zeitlichen Verlauf einzelner Prozessgrößen auszulesen [115]. Nach Ende des additiven Bauprozesses wurden diese Daten systematisch geordnet und analysiert. Vor allem die Prozesszeiten dienten im Rahmen der Analyse der Oberflächenausbildung als Indizien für die Änderung der energetischen Verhältnisse aufeinanderfolgender Schichten. Bild 4.3 veranschaulicht die verschiedenen Prozesszeiten wie Beschichtungs-, Heiz- und Belichtungszeit exemplarisch am Temperatur- und Heizleistungsverlauf über die Prozesszeit einer Schicht. Die Beschichtungszeit ist am Abfall der Temperatur beim Auftrag einer neuen Pulverschicht zu erkennen. Nach dem Pulverauftrag wird die neue Pulverschicht auf die festgelegte Prozesskammertemperatur aufgeheizt. Zunächst arbeitet die Heizeinrichtung mit maximaler Leistung, die während der Heizzeit nachgeregelt wird, um das Pulverbett möglichst genau auf die definierte Arbeitstemperatur zu bringen. Danach folgt die Belichtung der Flächen. Die Belichtungszeit schwankt dabei in Abhängigkeit der Größe und Komplexität der zu belichtenden Flächen je Schicht (Kapitel 5).

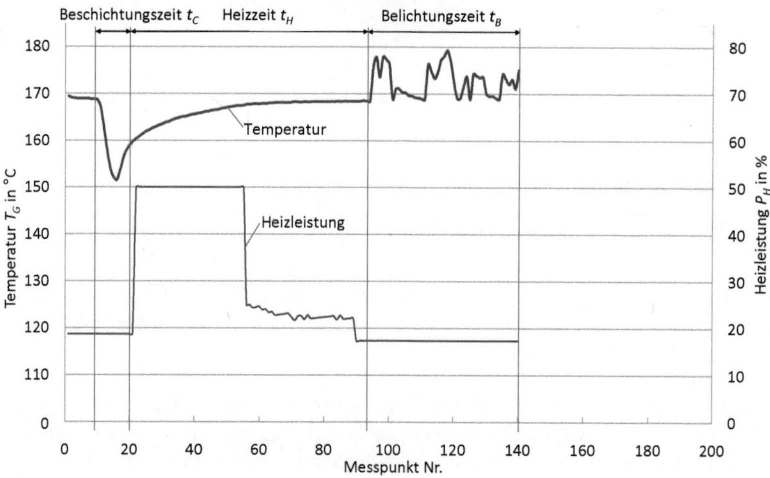

Bild 4.3: Verlauf der gemessenen Temperatur T_G und der Heizleistung in Abhängigkeit des Baufortschritts (nach [115, 116]).

4.1.2 Prozessparameter

Was die verwendeten Fertigungsprozesse basierend auf der Lasersintertechnologie betrifft, so wurde stets auf die größtmögliche Vergleichbarkeit der Fertigungsbedingungen geachtet. Es standen jedoch zum Zeitpunkt der Versuchsdurchführung kaum praktikable Messgrößen/ -methoden zur Überwachung des Lasersinterprozesses und der Kunststoffpulver zur Verfügung [117]. Vor diesem Hintergrund orientierte sich die Vorgehensweise sowohl bei der Materialvorbereitung als auch beim Einfahren der Lasersinterprozesse an wissenschaftlichen Ergebnissen und Erfahrungen aus dem Produktionsbetrieb. Vereinzelt erwies es sich als vorteilhaft, spritzgegossenes PA 12 unter den gleichen Bedingungen zu prüfen und auf dessen Werkstoffverhalten zu referenzieren. Ein dem Lasersinterpulver ähnlicher PA 12-Typ in Form eines Granulats (Typ: L1600, Hersteller: Evonik Degussa GmbH) wurde nach den Empfehlungen des Materialherstellers [45] im Spritzgießverfahren verarbeitet (auch in [24]).

Material - Ausgangsmaterial Das im Lasersinterprozess nicht zum Bauteil verarbeitete PA 12-Pulver kann vollständig in einer Mischung mit Neumaterial wiederverwendet werden. In der Praxis wird nicht nur aufgrund der anzustrebenden Wirtschaftlichkeit des Verfahrens, sondern auch aufgrund der einfacheren Verarbeitung meist mit aufgefrischten PA 12-Pulvern gearbeitet.

Kunststoffpulver verändern sich jedoch im Lasersinterprozess aufgrund der langzeitigen thermischen Belastung in ihrer chemischen und physikalischen Struktur (s. Abschnitt 3.1.1). Die Verarbeitbarkeit sowie die Bauteilqualität werden von den Eigenschaften des Ausgangsmaterials beeinflusst [118]. Im Hinblick auf die rheologischen Eigenschaften zeigen MVR-Messungen, dass die Fließfähigkeit des PA 12-Pulvers generell mit der Einsatzdauer zunimmt und besonders von der Verwendungshäufigkeit und der Position des Materials im Baujob beeinflusst wird [119–121]: Der größte Anstieg der Viskosität konnte zwischen Neupulver und Pulver mit einer Prozessverweilzeit von 20 h festgestellt werden. Danach sinkt der MVR-Wert langsam und geringfügig über die Zeit weiter. Die größte Stabilität hinsichtlich der Viskosität zeigte sich also bei Recyclingpulver. Was die mechanischen Eigenschaften des Bauteils betrifft, so konnte in „Alterungsuntersuchungen" [122] eine signifikante Verschlechterung erst deutlich später nach ersten Oberflächenveränderungen festgestellt werden. Zeitweise wird im Produktionsbetrieb eine „orange peel"-Textur auf lasergesinterten Oberflächen bemerkt, die als Zeichen für eine zu hohe thermische Belastung des Materials gilt.

Basierend auf den derzeitigen Kenntnissen, handelte es sich bei den für die verschiedenen Lasersinterprozesse eingesetzten PA 12-Pulvern um aufgefrischtes Material, das sich aus 60 Gew.-% Recyclingpulver verschiedener Verarbeitungsstufen und 40 Gew.-% Neupulver zusammensetzte. Zum Zweck der Vergleichbarkeit der Fertigungsprozesse und der Bauteileigenschaften erfolgte die Vorbereitung einer definierten Materialcharge für die Herstellung von Probekörpern und Bauteilen: Es wurde eine größere Menge Recyclingpulver aus dem Kreislauf der im Produktionsbetrieb stehenden Anlage P380 entnommen, mit Neupulver gemischt und anschließend durch mehrmaliges Mischen und Sieben homogenisiert. Vor der Pulverentnahme wurden die Oberflächen der laufenden Prototypenfertigung an der Anlage P380 visuell begutachtet. Im Rahmen der mechanischen Langzeit- und Kurzzeitprüfungen wurde stets die Lage des Mittelwertes und dessen Streuung vor dem Hintergrund der bekannten Mischung von Materialien unterschiedlicher rheologischer Eigenschaften begutachtet. Da es beim Mischen zu elektrostatischer Aufladung kommen kann, mußten die Pulver mindestens 24 h vor der Verarbeitung im Lasersinterprozess in offenen Behältern lagern [113]. Die Herstellung der Probekörper und Bauteile für die Oberflächenbetrachtung (Kapitel 5) und Versagensanalyse (Kapitel 8) erfolgte mit dem Materialtyp PA2200 (Hersteller: EOS GmbH). Für die Strukturanalyse (Kapitel 6, Kapitel 7) wurden Bauteile aus dem Materialtyp PrimePart (Hersteller: EOS GmbH) generiert.

Material - Lagerung der Bauteile　Gerade bei Polyamiden ist die Aufnahme von Wasser aus der Umgebung von Belang. Der Feuchtegehalt beeinflusst dabei die physikalischen Eigenschaften und das Volumen der Bauteile reversibel. Um die Ergebnisse gegenüberstellen zu können, wurden alle Prüfkörper nach der Anlieferung bis zum Versuchsbeginn gleich lang (eine Woche) in einem klimatisierten Raum bei einer Temperatur von 23 °C und einer relativen Luftfeuchtigkeit von 50 % gelagert. Die Lagerungsbedingungen sowie der über Stichproben ermittelte Feuchtegehalt wurden aufgezeichnet, um etwaige Streuungen der Messwerte bewerten zu können.

Prozess　Die Strukturanalyse der vorliegenden Arbeit erfolgte an lasergesinterten Kunststoffen mit unterschiedlichem Schichtaufbau. Für die Herstellung dieser Materialien waren also verschiedene Fertigungsprozesse und Parameter notwendig, die trotzdem vergleichbar bleiben sollten. Als geeignete Vergleichsgröße stellte sich die Volumenenergiedichte E_V nach Gl. 3.8 dar. Lasergesinterte Materialien, die auf verschiedenen Anlagen mit gleicher Volumenenergiedichte E_V und Orientierung hergestellt wurden, zeigten beispielsweise ähnliches Verhalten in Kurz- und Langzeitversuchen mit jeweils bemerkenswerter Reproduzierbarkeit (s. Abschnitt 2.2). Die relevanten Prozessparameter für Bauteile und Probekörper der Oberflächenanalyse (Kapitel 5) und Strukturanalyse (Kapitel 6, Kapitel 7, Kapitel 8) sind in Tabelle 4.1, Tabelle 4.2 und Tabelle 4.3 zusammengestellt. Neben den Parametern des Füll-Vorgangs sind darin auch die Laserstrahlleistung P_K und die Belichtungsgeschwindigkeit v_K der Kontur-Belichtung angegeben. Die Prozesskammertemperatur lag in Abhängigkeit der Anlage bei 176 °C (Anlage P380) oder bei 169 °C (Anlage P100).

Generell werden lasergesinterte Bauteile nach der additiven Fertigung und der Abkühlung auf Raumtemperatur mittels Strahlschleifen vom anhaftenden Restpulver befreit. Auf diese Weise erfolgte auch die Nachbehandlung der lasergesinterten Bauteile für die Untersuchung der Oberflächenbeschaffenheit (Kapitel 5). Da es sich beim Strahlschleifen um einen manuellen Prozess handelt, wurde der Frage nachgegangen, ob sich schwankende Parameter des Strahlprozesses auf die Bewertbarkeit der Oberflächentexturen auswirken. Nach Bohnet [67] kann das Strahlschleifen zu einer wesentlichen Veränderung der Oberflächenqualität hinsichtlich der Rauigkeit führen. In Vorversuchen zur Beeinflussbarkeit der relevanten Oberflächenmerkmale stellte sich jedoch heraus, dass variierende Strahlparameter keinen Einfluss auf die äußerst markanten und von der Grundrauigkeit des Bauteils unabhängigen Oberflächenmerkmale (s. Bild 2.14) haben. Darüber hinaus wurde versucht, die Bauteile für die Oberflächenanalyse mit konstanten Parametern des Strahlschleifprozesses zu behandeln: Das Strahlschleifen erfolgte mit Keramikkugeln (Handelsname: Zirblast Keramikkugeln B60, Hersteller: SEPR Keramik GmbH & Co. KG), 3,5 bar Strahldruck, ca. 20 cm Strahlabstand und 10...20 s Strahlzeit je relevanter Oberfläche.

Bestimmte Bauteile für die Struktur- und Oberflächenanalyse wurden mit einem 2K-Hydrolack im 2-schichtigen Aufbau (Typ: Alexit 2K-Hydro-Grundierung 343-39 und Alexit 2K-Comfortlack 342-44; Hersteller: Mankiewicz Gebr. & Co.) lackiert (s. Tabelle 2.4). Der Lackierprozess orientierte sich an der BMW Group Prozessvorschrift PV 06030 [54].

Tabelle 4.1: Fertigungsparameter der Strukturanalyse (Anlage: P380).

Prozess	$E_{V,\text{Prozess}}$ in J/mm^3	P in W	v in mm/s	a_h in mm	P_K in W	v_K in mm/s
S1	0,30	40	3000	0,30	40	2500

Tabelle 4.2: Fertigungsparameter der Strukturanalyse (Anlage: P100).

Prozess	$E_{V,\text{Prozess}}$ in J/mm^3	P in W	v in mm/s	a_h in mm	P_K in W	v_K in mm/s
S2	0,30	19	2500	0,25	16	1500
S3	0,84	21	2500	0,10	16	1500
S4	0,56	21	2500	0,15	16	1500

Tabelle 4.3: Fertigungsparameter der Oberflächenanalyse (Anlage: P100).

Prozess	$E_{V,\text{Prozess}}$ in J/mm^3	P in W	v in mm/s	a_h in mm	P_K in W	v_K in mm/s
O1	0,34	21	2800	0,22	16	1500
O2	0,34	21	2500	0,25	16	1500
O3	0,38	21	2500	0,25	0	1500
O4	0,38	21	2500	0,25	14,4	1500
O5	0,38	21	2500	0,25	25	1500

4.2 Bauteilprüfung

Die Strukturanalyse lasergesinterter Kunststoffe erfolgte durch verschiedene mechanische Prüfungen, deren Zweckmäßigkeit aus den Ergebnissen der Funktionserprobung (Abschnitt 2.3) abgeleitet wurde. Um die Beziehungen zwischen den Probekörpern/Bauteilen unterschiedlicher Schichtstruktur zu verdeutlichen, war die Verwendung eines Kennzeichnungssystems erforderlich.

4.2.1 Referenz der Schichtstruktur zum Koordinatensystem

Die Kennzeichnung der lasergesinterten Schichtstrukturen erfolgte durch die Referenz
zwischen dem Bauteil-Koordinatensystem $(x',\ y',\ z')$ zum Bauraum $(x,\ y,\ z)$. Dabei
entsprechen die Volumenelemente einer Schichtstruktur generell dem Koordinatensystem des Bauraums. Ein Volumenelement dehnt sich parallel zur $(x,\ y)$-Ebene
aus und die Schichtungsrichtung entspricht der z-Achse. Die Orientierung einer
Bauteilgeometrie im Vorfeld des Fertigungsprozesses legt also geometrisch fest, wie
die Schichtstruktur im Bauteil „integriert" werden soll.

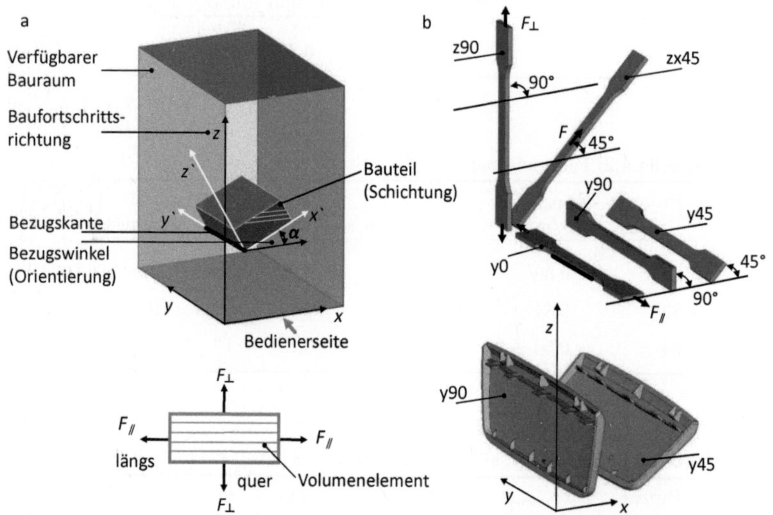

Bild 4.4: Kennzeichnungssystem der Schichtstrukturen von Bauteilen/Probekörpern. -
a) Bezug zwischen dem Bauteil- und dem Bauraum-Koordinatensystem (oben),
Beanspruchung der Schichtstruktur (unten); b) Bezeichnung der Schichtstrukturen von Zugproben und der Bauteile „Abdeckung Mittelkonsole".

Als erste Referenzgröße beschreibt die Orientierung einer Bauteil-Bezugskante,
die Grundausrichtung einer Bauteilgeometrie (s. Bild 4.4). Beispielsweise wurden die
Zugproben für die Strukturanalyse in zwei Kategorien orientiert, genauer in z- und
in y-Richtung, um das Werkstoffverhalten bei einer mechanischen Belastung längs
($\parallel$) und quer zur Schichtungsrichtung ($\perp$) betrachten zu können.

Darüber hinaus dient als zweites Kennzeichnungsmerkmal der Winkel zwischen
dem Bauteil- und dem Bauraum-Koordinatensystem (s. Bild 4.4 a und b, oben). Die
Zugproben z90 und y0 stellen Grenzfälle der zu untersuchenden Schichtstrukturen
dar, da deren Volumenelemente jeweils ein minimales oder maximales Volumen
annehmen. Mit der Drehung der z90 und y0 Probegeometrien um die y-Achse
entstehen zusätzliche Varianten der Schichtstruktur. Teilweise sind die Angaben zur

Schichtstruktur mit der Schichtstärke (0,15 oder 0,10 mm) ergänzt. Während die Orientierung der Schichtstruktur geometrisch erfolgen kann, muss die Änderung der Schichtstärke durch den Fertigungsprozess erfolgen.

4.2.2 Werkstoffmechanische Prüfungen

Im Rahmen der Strukturanalyse mit werkstoffmechanischen Methoden wurden statische und dynamische Verfahren dazu verwendet, das Verformungs- und Versagensverhalten von lasergesinterten Kunststoffen zu betrachten. Die Werkstoffreaktion wurde dabei sowohl unter Zug- als auch unter Biegebeanspruchung aufgezeichnet.

Im Vorfeld der Schilderung von spezifischen Prüfbedingungen soll kurz auf den Belastungsfall der Biegung eingegangen werden. Anders als im Zugversuch treten bei der Biegung unterschiedliche Belastungsniveaus über die Prüfkörperhöhe auf: Bei einem linear-elastischen Werkstoffverhalten stellt sich die Verteilung von Spannungen und Dehnungen symmetrisch dar. Die maximale Zug- oder Druckspannung wird also in den Randschichten des Biegeprüfkörpers wirksam. Während bei weitgehend homogenen Werkstoffen und Prüfaufbauten mit großen Stützweiten Schubspannungen vernachlässigt werden können, beeinflussen diese oftmals das Verhalten von geschichteten Werkstoffen und werden zu diesem Zweck gezielt eingebracht [123, 124].

Dynamische Prüfungen

Für die Ermittlung des Ermüdungsverhaltens lasergesinterter Kunststoffe, wurden dynamische Prüfverfahren verwendet [125], die die Werkstoffreaktion aufgrund eines zeitlich konstanten oder eines stufenweise ansteigenden Belastungsniveaus aufzeichneten. Darüber hinaus ermöglichte das Ermüdungsrissausbreitungsverfahren die Analyse des Versagens durch Bruch. Die experimentelle Ermittlung des Ermüdungsverhaltens orientierte sich am Dauerschwingversuch (DIN 50100 [126]) mit der Verwendung einer schwellenden Schwingung (s. Skizze in Bild 4.6). Als Prüffrequenz wurden 10 Hz und ein Spannungsverhältnis R von maximaler zu minimaler Beanspruchung mit 0,1 gewählt. An dieser Stelle sollen auch die verwendeten Prüfmittel und -bedingungen der verschiedenen Ermüdungsversuche beschrieben werden: Die dynamischen Prüfungen wurden an einer servohydraulischen Prüfmaschine (Hersteller: Instron Structural Testing) durchgeführt, wobei die Verformung der Proben mit Hilfe eines induktiven Kolbenwegaufnehmers im Fuß der Prüfmaschine und die Kräfte mit einer Kraftmessdose (Hersteller: Soemer) gemessen wurden.

Aufgrund der geringen Wärmeleitfähigkeit neigen Kunststoffe dazu, sich bei dynamischer Beanspruchung zu erwärmen. Das Versagen der Kunststoffprobe kann dann nicht mehr alleine auf die mechanische Schädigung zurückgeführt werden. Um die Beeinträchtigung der mechanischen Analyse durch Erwärmungseffekte zu vermeiden, wurden die dynamischen Prüfungen in einer geschlossenen Temperierkammer (Hersteller: Instron) durchgeführt. Die Temperatur der Probenoberfläche T_S wurde während der Versuche gemessen (Temperaturfühler Pt 100) und lag entsprechend der Umgebungstemperatur bei etwa 23,5 °C. Mit Zunahme der Belastung wurde eine moderate Temperaturerhöhung von maximal 3 °C beobachtet, wie exemplarisch das Messergebnis eines Laststeigerungsversuchs zeigt (s. Bild 4.5).

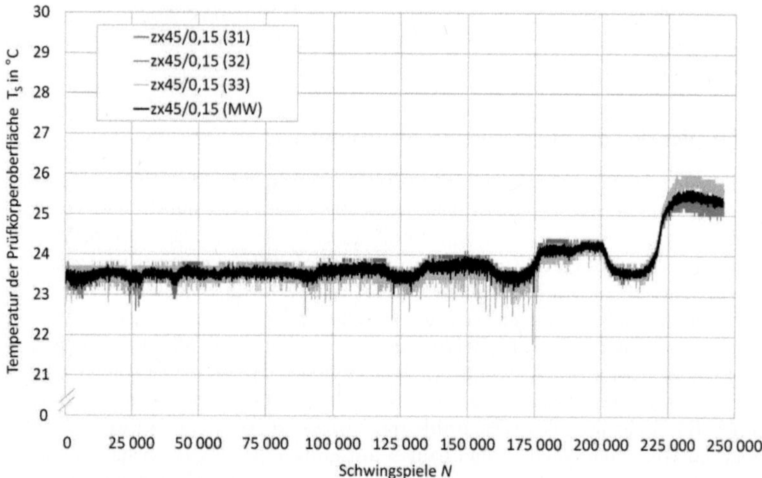

Bild 4.5: Temperatur der Probenoberfläche in Abhängigkeit der Schwingspiele im Rahmen eines Laststeigerungsversuchs.

Laststeigerungsversuche In den Laststeigerungsverfahren wurde stufenweise die einwirkende Nennspannungsamplitude der schwingenden Belastung erhöht, bis deutliches Ermüden durch hohe Verformung oder Bruch festzustellen war. Die Charakterisierung der Werkstoffreaktion erfolgte dabei über die Aufzeichnung der Verformung als nominelle Dehnung und der Materialdämpfung (Gl. 6.20). Bei den drei betrachteten Belastungsfällen handelte es sich um die Zug- und Biegebeanspruchung von Probekörpern sowie die Biegebeanspruchung von Bauteilen (Bauteilgeometrie: „Abdeckung Mittelkonsole"). Das jeweilige Lastkollektiv in Form der maximalen Beanspruchungen geht aus Bild 4.6, Bild 4.7 und Bild 4.8 hervor. Die Höhen der Stufen wurden als prozentuale Anteile der mittleren statischen Zug-/Biegefestigkeit oder der mittleren statischen Biegekraft abgeleitet. Durch die Integration von Erholungsphasen mit einem Belastungsniveau entsprechend der Laststufe 1 konnten zudem die irreversiblen Dehnungsanteile identifiziert werden. Die Streuung der Dehnungs-Messwerte pro Materialsorte war insgesamt gering, wie die Diagramme mit den Ergebnissen der Einzelversuche im Anhang A zeigen. Eine Mittelwertkurve wurde durch arithmetische Mittelung von mindestens drei Einzelversuchen berechnet. Die Bruchschwingspielzahl einer Mittelwertkurve entspricht dabei dem frühesten Versagen einer Materialprobe im jeweiligen Einzelversuch.

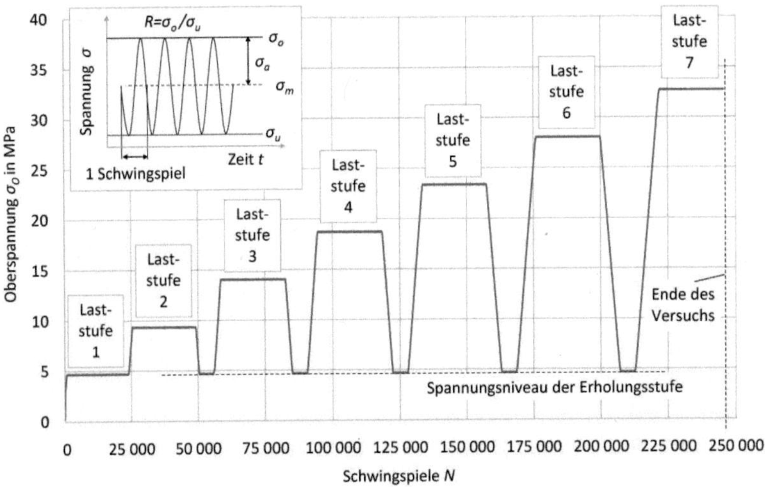

Bild 4.6: Lastkollektiv (Oberspannung) der Laststeigerungsversuche: Zugbelastung von Probegeometrien.

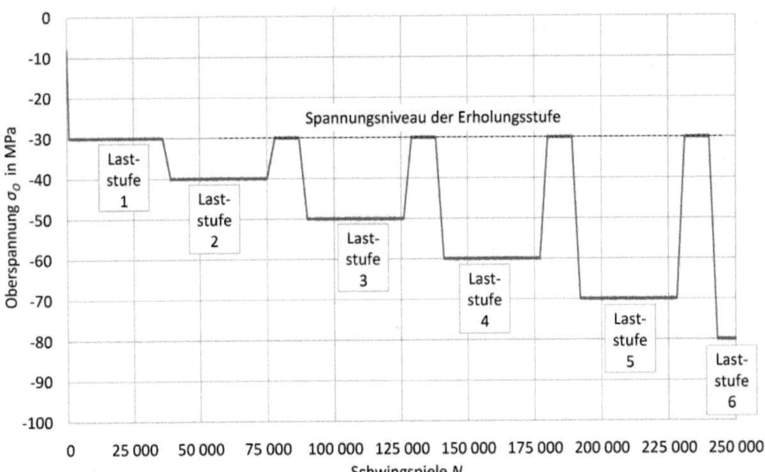

Bild 4.7: Lastkollektiv (Oberspannung) der Laststeigerungsversuche: Biegebeanspruchung von Probegeometrien.

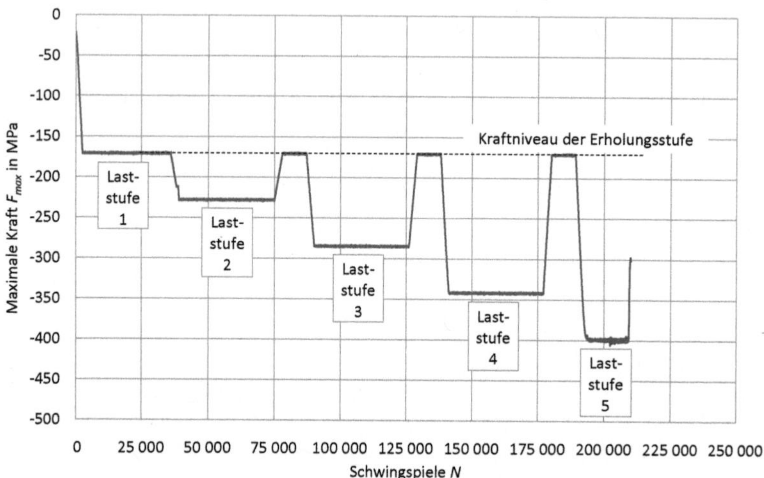

Bild 4.8: Lastkollektiv (Maximale Biegekraft) der Laststeigerungsversuche: Biegebeanspruchung von Bauteilen (Bauteilgeometrie: „Abdeckung Mittelkonsole").

Einstufenversuche Der Einstufenversuch wurde anders als die Laststeigerungsversuche ausschließlich auf Basis der Zugbeanspruchung durchgeführt. Während im Laststeigerungsversuch die Belastung stufenweise erhöht wurden, sollte im Einstufenversuch die Bruchschwingspielzahl bei konstanter Amplitude der Nennspannung bestimmt werden. Aus Gründen der Effizienz wurde die Versuchsreihe der Einstufenversuche mit möglichst hoher Oberspannung durchgeführt, die sich mit 32,7 MPa aus der maximal möglichen Laststufe im Laststeigerungsverfahren ergab und bei 70 % der mittleren statischen Zugfestigkeit lag. Die weiteren Versuchsparameter entsprachen im Allgemeinen den Bedingungen der dynamischen Prüfungen der Laststeigerungsversuche.

Ermüdungsrissausbreitung Mit Hilfe des Spannungsintensitätsfaktors kann der Widerstand eines Materials gegen Rissausbreitung quantifiziert werden (ISO 13586 [127]). In den durchgeführten Rissausbreitungsversuchen wurde eine mit einem zusätzlichen Anriss versehene CT-Probe (s. ASTM E399 [128], auch Kompaktzugprobe) dynamisch auf Zug belastet (s. Bild 4.9 a). In Abhängigkeit der Höhe der schwingenden Belastung kommt es zum Rissfortschritt [129]. Die durchschnittliche Rissausbreitungsgeschwindigkeit da/dN wird als die inkrementale Risslänge da bezogen auf ein Intervall der Schwingspielzahl dN angegeben. Bild 4.9 b zeigt schematisch in doppeltlogarithmischer Auftragung die Korrelation der Rissausbreitungsgeschwindigkeit da/dN mit der Schwingbreite des Spannungsintensitätsfaktors ΔK [37].

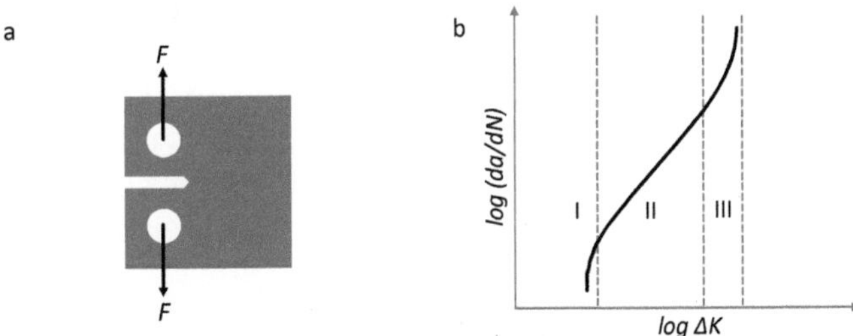

Bild 4.9: Ermüdungsrissausbreitung. - a) Belastung der CT-Probe [37, 44]; b) Rissausbreitungsgeschwindigkeit in Abhängigkeit der Schwingbreite des Spannungsintensitätsfaktors (schematisch).

Es lassen sich drei Bereiche unterscheiden: Der Startpunkt der Rissausbreitung in Region I zeichnet sich durch den Thresholdwert ΔK_{th} aus. Im Gegensatz zum instabilen Risswachstum in den Bereichen I und III verläuft das Risswachstum im Bereich II stabil: Die Rissausbreitungsgeschwindigkeit entwickelt sich linear zur Schwingbreite des Spannungsintensitätsfaktors und kann mit der Paris-Erdogan-Gleichung berechnet werden [37]:

$$\frac{da}{dN} = A(\Delta K)^m \quad . \tag{4.1}$$

Der Widerstand gegen Rissausbreitung ergibt sich also aus der Beziehung von Rissausbreitungsgeschwindigkeit da/dN und der Schwingbreite des Spannungsintensitätsfaktors ΔK.

Was die Prüfung der lasergesinterten Materialien betrifft, so wurde die Rissausbreitungsgeschwindigkeit über die Messung der Probenrissöffnung registriert (Ansatzextensometer des Modells 632.13.F-23, Hersteller: MTS). Die Prüfkörpervorbereitung, die Parameter der schwingenden Belastung sowie die Prüfmaschine entsprachen den Prüfbedingungen der Laststeigerungs-/Einstufenversuche. Wie Kapitel 7 später zeigt, wurden je Materialvariante zwei Proben betrachtet, die stets gleiches Verhalten zeigten.

Statische Prüfungen

Statische Prüfungen im Vorfeld der Laststeigerungsversuche lieferten den Versuchsaufbau und die Bezugswerte für die Ermittlung der Lastkollektive der dynamischen Langzeitversuche. Die Versuchsdurchführung erfolgte mit einer Universalprüfmaschine der Firma Zwick GmbH & Co. KG. Die Umgebungstemperatur betrug 23 °C bei einer relativen Luftfeuchtigkeit von 50 %.

- Zugbelastung: Auf Basis der Versuchsbedingungen und der Prüfgeometrie (Typ 1A) nach DIN EN ISO 527 [46, 47] sowie der Prüfgeschwindigkeit von 50 mm/min wurde eine mittlere statische Zugfestigkeit von 46,72 MPa bestimmt.

- Biegebelastung: Die mittlere statische Biegefestigkeit von 100 MPa resultierte aus dem Kurzbalkenbiegeversuch in Anlehnung an DIN EN 2563 [130] (Auflagerradius: 3 mm, Traversengeschwindigkeit: 1 mm/min, Stützweite: 20 mm, Prüfkörperabmessungen: 40 x 10 x 4 mm). Dabei sollte der im geschichteten Material wirksame Schubanteil mittels einer verkürzten Stützweite erhöht werden.

- Biegebelastung (Bauteil „Abdeckung Mittelkonsole"): In einem 3-Punkt-Biegeversuch entsprechend Bild 2.11 wurde eine mittlere statische Biegekraft von 570 N identifiziert (Traversengeschwindigkeit: 50 mm/min, Stützweite: 100 mm, Radius der Druckfinne: 10 mm).

5 Makroskopische Untersuchung der Oberflächenausbildung

Im Vorfeld der Strukturanalyse soll eine Untersuchung der Oberflächenausbildung von lasergesinterten Kunststoffen stattfinden. Gerade die Oberfläche eines Produktes kann auf einfache Weise Aufschluss über die Bedingungen des Fertigungsprozesses und die daraus resultierende Materialstruktur geben [39, 42, 131]. Die makroskopische Betrachtung der Oberflächenlinien hat folgenden Hintergrund:

- Für die Integration von lasergesinterten Bauteilen in Anwendungen im Kleinserienbereich ist es bedeutend, die inhomogene Oberflächenstruktur lasergesinterter Kunststoffe optimieren und reproduzierbar herstellen zu können. Wie in Abschnitt 2.4 gezeigt wurde, scheinen funktionsfähige Beschichtungen realisierbar zu sein. Es bleibt jedoch fraglich, welche Grenzen der Lasersinterprozess in Bezug auf die Beeinflussbarkeit der Oberflächenausbildung setzt.

- Die Oberflächenstruktur stellt als direkte Folge aufeinandergefügter Volumenelemente einen wesentlichen Teil des lasergesinterten Schichtverbundes dar. Für die spätere Strukturanalyse ist es von Bedeutung, welche Auswirkungen die in Bild 2.14 b gezeigten Oberflächensprünge und die charakteristischen Stufeneffekte (s. Bild 3.14) auf die mechanischen Langzeiteigenschaften haben.

Es geht also darum, den Einfluss prozesstechnischer Bedingungen auf die Oberflächenausbildung und deren Relevanz für die Struktureigenschaften lasergesinterter Bauteile abzuschätzen.

5.1 Charakterisierung von Oberflächensprüngen in Baufortschrittsrichtung

Die linienförmigen Unregelmäßigkeiten in Baufortschrittsrichtung sind in unterschiedlicher Form, hinsichtlich Tiefe, Breite und Verteilung, auf nahezu allen lasergesinterten Bauteilen zu bemerken (s. Bild 2.14 b und Bild 5.1). Die Oberflächensprünge können dabei bis zu mehreren 10 µm tief und mindestens eine Schichtstärke breit sein.

Wie in verschiedenen Arbeiten skizziert wurde (s. Bild 3.14 a, Bild 3.15 b), ergibt sich die Oberfläche des lasergesinterten Schichtverbundes aus in Baufortschrittsrichtung aufeinander folgenden Volumenelementen, die durch Zerlegen des CAD-Modells geometrisch definiert und anschließend im additiven Bauprozess physisch umgesetzt werden. Somit lassen sich die Linienstrukturen als Abweichung der x-/y-Ausdehnung einzelner Volumenelemente von der Bauteil-Kontur definieren (s. Bild 5.2).

Die vorliegende Arbeit beschränkt sich auf Flächen, deren Tangentenvektor r parallel zur Baufortschrittsrichtung orientiert ist, sowie auf geneigte Flächen, deren

Normalenvektor n entgegen der Baufortschrittsrichtung z zeigt (s. Bild 3.14 a) und die aufgrund prozesstechnischer Gegebenheiten eine vergleichsweise geringe Rauigkeit aufweisen (s. Abschnitt 3.2.2).

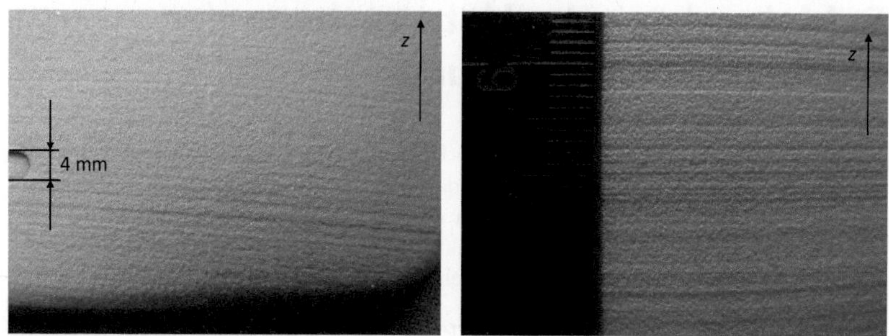

Bild 5.1: Linienausbildung auf lasergesinterten Oberflächen, deren Tangentenvektor in Baufortschrittsrichtung z zeigt. - a) Bauteil „Abdeckung Mittelkonsole" lackiert (2K-Hydrolackierung (s. Prozess in Abschnitt 4.1.2); b) Winkelprofil.

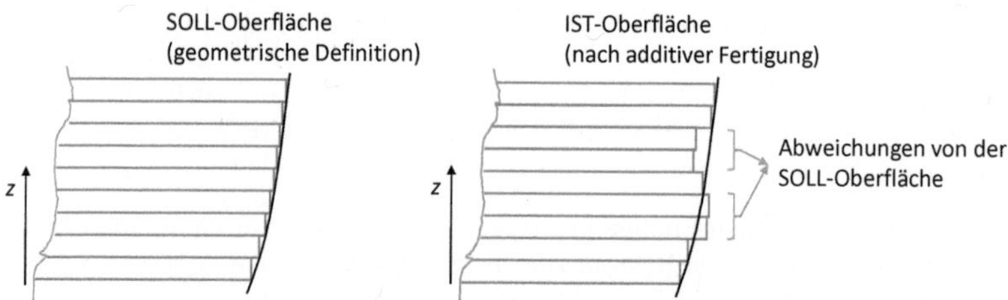

Bild 5.2: Definition der in Baufortschrittsrichtung z auftretenden Oberflächenlinien als Abweichungen der Ist- von der Soll-Kontur (Lasersintertechnologie).

Die in Bild 5.3 ersichtliche Oberflächenabweichung kann sowohl über den visuellen Eindruck als auch über eine berührungslose Topographiemessung, beispielsweise eine Weißlicht-Entfernungsmessung mit chromatischem Weißlichtsensor (Messprinzip: Optisches Tastschnittverfahren, Geräte-Hersteller: Fries Research & Technology (FRT), Messmethodik nach PR 519 [71]) erfasst werden. In der Regel erfolgt mit topographischen Messverfahren die Charakterisierung von Narboberflächen, wobei die Form und Tiefe von Narben sowie sekundäre Strukturen auf den Narben messtechnisch ermittelt und mit Referenzmustern verglichen werden.

Was lasergesinterte Oberflächen betrifft, so erschwert die hohe Grundrauigkeit vor allem aufgrund des pulverförmigen Ausgangsmaterials eine visuell eindeutige und quantitative Erfassung der linienförmigen Oberflächenmerkmale. So können die linienförmigen Oberflächenmerkmale weder über einen durchschnittlichen Rauheitswert noch über ein Rauigkeitsprofil der Oberflächen eindeutig erfasst werden.

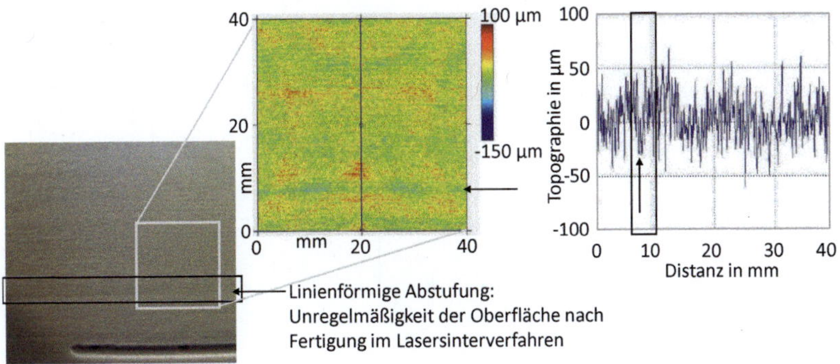

Bild 5.3: Beschreibung der Oberflächenmerkmale mittels Weißlicht-Entfernungsmessung.

5.2 Theorie der Volumenelementausbildung

Die physikalische Grundlage für die Ausdehnung von Volumenelementen in x-/y-Richtung liefert der thermische Zustand des Pulverbetts, wie in einem Vorversuch (s. Bild 5.4) sowie mit theoretischen Inhalten von Abschnitt 3.1.1 und Abschnitt 3.1.2 hergeleitet wurde:

Berechnungen von Tontowi [80] in Kapitel 3.1.1 zeigten, dass mit Erhöhung der Pulverbetttemperatur die Abmessungen eines gesinterten Probekörpers in x-/y-Richtung prinzipiell zunehmen. So konnte über weitere Experimente bestätigt werden, dass mit Zunahme der Systemtemperatur die Wärmeleitfähigkeit des Pulverbetts erhöht wird [77]. Der Begriff Systemtemperatur beschreibt dabei die einzustellende Prozesskammertemperatur der Lasersinteranlage, die aus der Volumenenergiedichte resultierende Schmelzetemperatur und die vorherrschende Pulverbetttemperatur T_L.

Andererseits wird aufgezeigt, dass die Dichte von gesinterten Probekörpern mit Erhöhung der Pulverbetttemperatur ansteigt (u.a. [75, 80]), demzufolge die Schwindung zu und das Volumen des Probekörpers abnehmen müssten.

Um festzustellen, wie sich die Abmessungen von Volumenelementen in x-/y-Richtung in Abhängigkeit der Systemtemperatur verändern, wurden sechs Platten (50 x 50 x 3 mm) parallel zur (x, y)-Ebene, orientiert (s. Skizze in Bild 5.4) und deren Abmessungen als Funktion der Prozesskammertemperatur und der Volumenenergiedichte des Laserstrahls in verschiedenen Bauprozessen beobachtet (Material: PA 12-Pulver mit 40 Gew.-% Neumaterial; Materialtyp: PA2200; Anlagentyp: P100; Hersteller: EOS GmbH). Wie aus Bild 5.4 hervorgeht, nehmen die Abmessungen in x-/y-Richtung mit Erhöhung der Pulverbetttemperatur zu. Demnach überwiegen die physikalischen Vorgänge, die zu einem Wachstum der Volumenelemente mit zunehmender Systemtemperatur führen.

Der Ausbildungsgrad eines Volumenelements wird auf folgende thermodynamische Zusammenhänge zurückgeführt: Basierend auf der Beschreibung von thermodynamischen Modellen nach [132, 133] wird ein bestimmtes Volumen im Pulverbett als thermodynamisches System definiert. Eine gedachte Systemgrenze trennt das

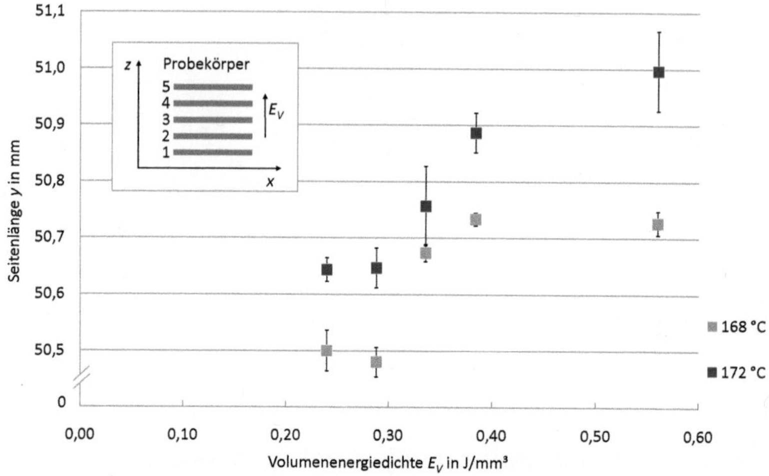

Bild 5.4: Einfluss der Pulverbetttemperatur T_L und der Volumenenergiedichte E_V auf die Abmessungen in x-/y-Richtung (Vorversuch).

Volumen vom übrigen Pulverbett. Makroskopische Größen wie das Volumen, die lokale Temperatur T_L und die Masse m beschreiben die Eigenschaften des Systems. Das System besteht nach der Laserbelichtung aus einer schmelzeförmigen und festen Phase, womit es als heterogen gilt. Die Gesamtmasse m_{ges} des Systems setzt sich aus dem Anteil der Schmelze m_S und dem des festen Pulvers m_F zusammen: $m_{ges} = m_F + m_S$.

Die in Bild 5.5 illustrierten Systeme unterscheiden sich in ihrer lokalen Pulverbetttemperatur T_L vor der Laserbelichtung. So ist die Pulverbetttttemperatur T_{L2} im Systems 2 größer als im System 1. Wird den Systemen nun die gleiche Wärmemenge Q_L über den Laserstrahl zugeführt, so wird diese Energie sowohl für die Temperaturerhöhung ΔT als auch für das Aufschmelzen des Pulvers über die spezifische Schmelzwärme Δh_m gebraucht. Besitzt das System 2 bereits zu Beginn eine höhere Temperatur, so steht nach Gl. 5.1, mit c = spezifische Wärmekapazität und q = spezifische Wärmemenge, mehr Energie für den Schmelzvorgang zur Verfügung und der Schmelzegehalt w im Koexistenzgebiet nimmt zu:

$$q_L = \frac{Q_L}{m_{ges}} = \frac{m_S \cdot \Delta h_m + m_{ges} \cdot c \cdot \Delta T}{m_{ges}} = w \cdot \Delta h_m + c \cdot \Delta T \quad \text{mit} \qquad (5.1)$$

$$w = \frac{m_S}{m_S + m_F} \quad . \qquad (5.2)$$

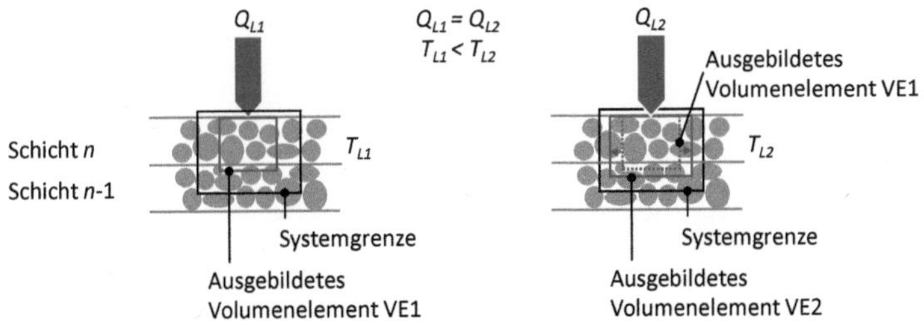

Bild 5.5: Modellvorstellung: Ausbildung eines Volumenelements bei Zufuhr von Wärmeenergie.

Zusammengefasst bleibt festzuhalten, dass die aufgeschmolzene Pulvermasse m_S die Ausdehnung eines Volumenelements vor allem in x-/y-Richtung und damit die Abweichung von der Soll-Kontur der Bauteiloberfläche bestimmt. Der Schmelzanteil w ist dabei abhängig von gespeicherten, im Pulverbett transportierten oder direkt eingebrachten Wärmemengen. Die physikalischen Zusammenhänge weisen also auf die Abhängigkeit der Volumenelementausbildung vom thermischen Zustand des Pulverbetts hin. Über welche Prozesskenngrößen sich die jeweiligen Wärmeströme bestimmen lassen, soll nun im Vorfeld der Strukturanalyse untersucht werden.

5.3 Prozesstechnische Zusammenhänge

Auf Basis der dargestellten Theorie der Volumenelementausbildung (s. Abschnitt 5.2) sollen im folgenden Abschnitt prozesstechnische Vorgänge des Lasersinterverfahrens und deren Auswirkungen auf die Oberflächenausbildung untersucht werden. Im Fokus steht der thermische Zustand des Pulverbetts (s. Bild 5.5), der sich über die Temperatur (Systemtemperatur) als Grundgröße auszeichnet. Wesentlich für das Verständnis der Zusammenhänge sind deshalb die Kenntnisse über die Entwicklung der Pulverbetttemperatur (s. Abschnitt 3.1.2). In Abhängigkeit des Betrachtungswinkels wird in die Temperatur vor und nach der Belichtung sowie in die globale und lokale Temperatur unterschieden.

5.3.1 Globale Pulverbetttemperatur einer Schicht (System I)

Folgendes als ein Grenzfall geltendes Beispiel soll dazu dienen, prozesstechnische Verbindungen und wesentliche Einflussfaktoren aufzuzeigen: Auf im 90°-Winkel zur (x, y)-Ebene stehenden Platten (Material: PA 12-Pulver mit 40 Gew.-% Neumaterial; Materialtyp: PA2200; Anlagentyp: P100; Material- und Anlagenhersteller: EOS GmbH) zeigen sich markante Oberflächenlinien in Baufortschrittsrichtung z (s. Bild 5.6). Der Effekt der Linienbildung wird mit der Verwendung einer höheren Volumenenergiedichte $E_{V,S3}$ (s. Tabelle 4.2) gemäß der Theorie in Abschnitt 5.2 verstärkt.

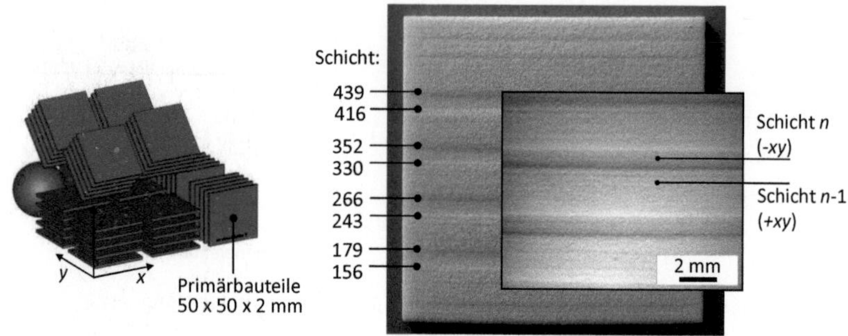

Bild 5.6: Beobachtung: Oberflächensprünge in Baufortschrittsrichtung z.

Weder die lichtmikroskopische Anschliffaufnahme noch die rasterelektronenmikroskopische Aufnahme der tiefen $(-xy)$ und hohen $(+xy)$ Oberflächenbereiche (s. Bild 5.7) lassen Unterschiede der ausgebildeten Oberflächenstruktur erkennen. Weiterhin ist eine Änderung des Porenanteils über die Schichten im Kernmaterial nicht festzustellen. Damit scheinen Schwindungsvorgänge bezogen auf die Abnahme von Poren nicht zur Entstehung der Oberflächensprünge beizutragen, womit die in Abschnitt 5.2 dargestellte Begründung der spezifischen Ausdehnung von Volumenelementen in Abhängigkeit des Schmelzeanteils und der Systemtemperatur als bestätigt gesehen wird.

Bei näherer Betrachtung des Fertigungsprozesses fällt auf, dass sich die Oberflächensprünge der senkrecht stehenden Platten genau den sprunghaften Veränderungen der Belichtungsinformationen von aufeinander folgenden Schichten, beispielsweise Schicht n-1 und Schicht n (s. Bild 5.6) aufgrund zusätzlicher Flächen der parallel zur (x, y)-Ebene orientierten Platten zuordnen lassen. Ferner ist im Prozesszeiten-Diagramm (s. Bild 5.8) der Anstieg der Gesamtprozess- und der Belichtungszeit, t_{ges} und t_B, zu bemerken. Der Verfahrensablauf in Bezug auf eine Schicht wurde mit Bild 3.1 b, die einzelnen Prozesszeiten mit Bild 4.3 beschrieben.

Bild 5.7: Morphologische Untersuchungen zur Linienausbildung. - a+b) Rasterelektronenmikroskopische Aufnahme; c) Lichtmikroskopische Anschliffaufnahme (auch in [134]).

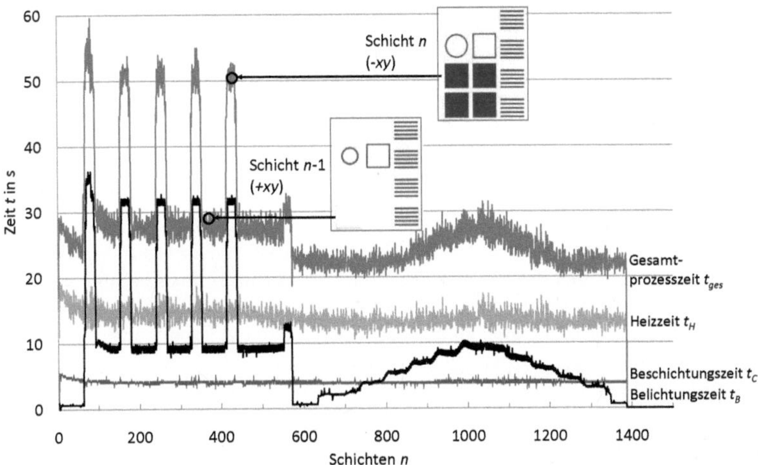

Bild 5.8: Prozesszeiten-Diagramm mit sprunghaften Veränderungen der Belichtungs-
und Gesamtprozesszeit (t_B, t_{ges}).

Williams [87] verwies auf die Bedeutung der Prozesszeiten für die zeitliche Zu-
und Abfuhr von Wärmemengen (s. Abschnitt 3.1.2): Demnach wirken sich Veränderungen in den Prozesszeiten auf den Energiehaushalt einer Schicht aus. Aufgrund der
Korrelation der Abmessungen eines Volumenelements mit der Pulverbetttemperatur
(s. Abschnitt 5.1), wird vermutet, dass in den tiefer liegenden ($-xy$)-Schichten eines
Oberflächensprungs eine geringere Systemtemperatur im Prozess vorherrschte.

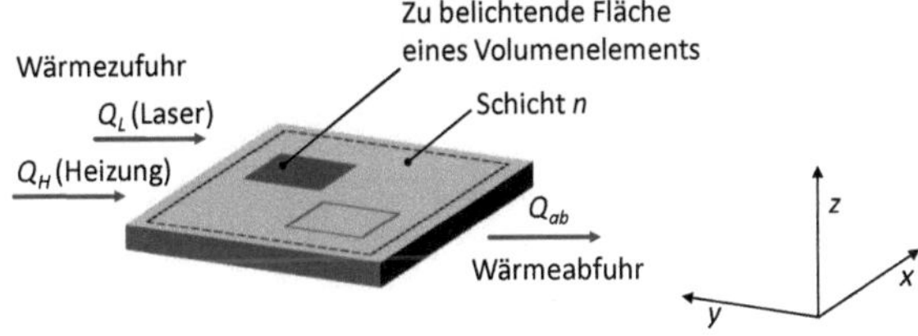

Bild 5.9: Betrachtung der Schicht n als System, welches sich durch die globale Pulverbetttemperatur T_G auszeichnet.

Um die Teilprozesse und deren Effekte im oben dargestellten Beispiel analysieren
zu können, wird, wie in Bild 5.9 skizziert, die Pulverschicht als System betrachtet. Die globale Temperatur T_G stellt die mittlere Temperatur der Pulverschicht
dar (s. Abschnitt 3.1.2), die mit dem Pyrometer der Lasersinteranlage gemessen
(s. Abschnitt 4.1.1) und an die Heizungseinrichtung als Messwert weitergegeben wird.

Während der Prozesszeit einer Schicht, steht das System „Schicht" in Wechselwirkung mit der Umgebung. Wärmemengen werden demnach über die Systemgrenze zu- oder abgeführt. Die zugeführte Gesamtwärme Q_{ges} einer Schicht n nach Prozessende resultiert aus der zugeführten Wärmeenergie durch den Laserstrahl Q_L, durch die Heizung Q_H wie auch der abgegebenen Wärmeenergie Q_{ab}:

$$Q_{ges} = Q_H + Q_L - Q_{ab} \quad . \tag{5.3}$$

Die zu- und abgeführten Wärmeströme verändern sich dabei in Abhängigkeit der Schichtinformationen, wodurch die Energiebilanz einer Schicht beeinflusst wird. Mit Hilfe von aufgezeichneten Prozesszeiten und Heizleistungen im Abstand von 0,2 s durch die Anlage, der Heizleistung von 2,4 kW und der Laserstrahlleistung von 21 W lassen sich Teile einer Energiebilanz je Schicht abschätzen. Exemplarisch kann dies am Oberflächensprung im Bereich der Schichten 320...333 oder 406...419 gezeigt werden (s. Bild 5.10):

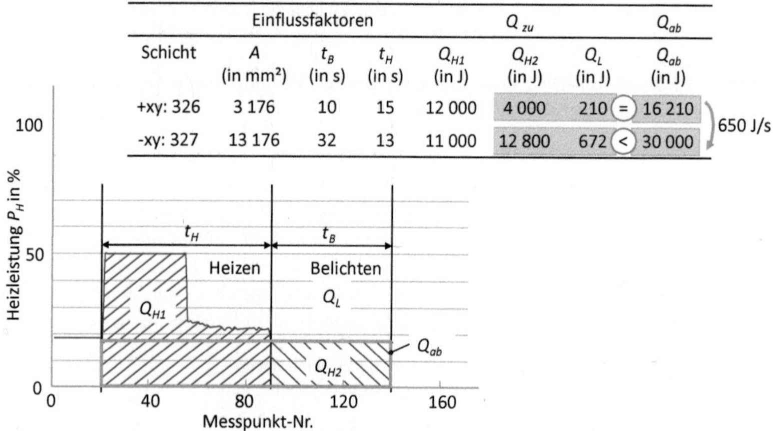

	Einflussfaktoren				Q_{zu}		Q_{ab}
Schicht	A (in mm²)	t_B (in s)	t_H (in s)	Q_{H1} (in J)	Q_{H2} (in J)	Q_L (in J)	Q_{ab} (in J)
+xy: 326	3 176	10	15	12 000	4 000	210 (=)	16 210
-xy: 327	13 176	32	13	11 000	12 800	672 (<)	30 000

Bild 5.10: Energiebilanz exemplarisch am Oberflächensprung im Bereich der Schichten 320...333 oder 406...419 basierend auf Maschinendaten, aufgezeichneten Prozesszeiten und der Schätzung der Wärmeabgabe Q_{ab}.

Im Rahmen der Schichtverarbeitung beginnt der erste Teil der Wärmezufuhr durch die Heizung direkt nach dem Beschichtungsvorgang Q_{H1} und dauert bis zum Start der Belichtung an. Mit reduzierter Heizleistung P_H wird dem System „Schicht" weiter Wärme Q_{H2} im Zeitraum der Belichtung zugeführt. Q_{ab} bezieht sich sowohl auf den Heiz- als auch auf den Belichtungsvorgang. Im Allgemeinen gilt für die durch den Laserstrahl eingebrachte Wärme: $Q_L = P \cdot t_B$ [76]. Daraus ergibt sich die Energiebilanzgleichung für eine Schicht:

$$Q_{H1} + Q_{H2} + Q_L = Q_{ab} \quad . \tag{5.4}$$

Da der Oberflächenbereich $(+xy)$ um Schicht 326 (s. Bild 5.11) keine Linienstruktur aufweist, wird angenommen, dass zu- und abgeführte Wärmemengen im Gleichgewicht stehen, woraus sich $\dot{Q}_{ab}$ des Systems ergibt. $\dot{Q}_{ab}$ wird gemäß Gl. 5.5 als konstant angenommen, da sich vermutlich die treibende Temperaturdifferenz ΔT vergleichsweise gering über den Baufortschritt ändert [132]:

$$\dot{Q}_{ab} = CA\Delta T \quad . \tag{5.5}$$

Auf Basis der Daten und der Energiebilanz lässt sich ableiten (s. Bild 5.10), dass das System der Schichten $(-xy)$ während des Verarbeitungsprozesses mehr Energie abgegeben als aufgenommen hat:

$$Q_{ab} > Q_{H1} + Q_{H2} + Q_L \quad . \tag{5.6}$$

Die $(-xy)$-Schichten (413...419, 327...333) beinhalten gegenüber den $(+xy)$-Schichten (406...412, 320...326) eine größere Belichtungsfläche: Daraus folgt erstens, dass den $(-xy)$-Schichten verglichen mit den $(+xy)$-Schichten mehr Wärme Q_L durch den Laserstrahl zugeführt wird. Zweitens vergrößert sich mit t_B die Verzögerungszeit der Belichtung eines spezifischen Volumenelements in z-Richtung. Es steht dem System „Schicht" also mehr Zeit zur Verfügung, Heizwärme Q_{H2} aufzunehmen und Wärme Q_{ab} abzugeben. Drittens erhöht sich aufgrund der größeren Belichtungsfläche die vom Pyrometer gemessene globale Pulverbetttemperatur T_G einer Schicht. Wird die Veränderung von Q_{H1} über mehrere Schichten betrachtet, so fällt besonders die instabile Schwingung der Wärmezufuhr ab Schicht 413 oder 327 auf. Beide Schichten (413, 327) enthalten bereits eine größere Belichtungsfläche mit entsprechend längerer Belichtungszeit. Nach Bild 5.11 wird offensichtlich die Wärmezufuhr Q_{H1} zur Temperaturregelung in größere Schwingungen (vgl. [135, 136]) versetzt, wenn sich die Belichtungsfläche sprunghaft verändert.

Zusammengefasst lässt sich ableiten, dass sich Linien auf der Oberfläche des lasergesinterten Bauteils ausbilden, wenn sich das Verhältnis von zugeführter zu abgegebener Wärme von aufeinander folgenden Schichten ändert. Die abgegebene Wärme Q_{ab} hängt im Wesentlichen von der Belichtungszeit t_B, die zugeführte Wärmemenge des Laserstrahls Q_L von der Belichtungsfläche A und die zugeführte Wärmemenge der Heizung Q_H von der mittleren Pulverbetttemperatur T_G ab. Die Belichtungsfläche einer Schicht kann also nicht der alleinige Faktor sein, der die Höhe der Wärmeströme bestimmt. In folgenden Praxisbeispielen sollen die skizzierten Einflussfaktoren und deren Wirkung auf die Oberflächenstruktur differenzierter betrachtet werden.

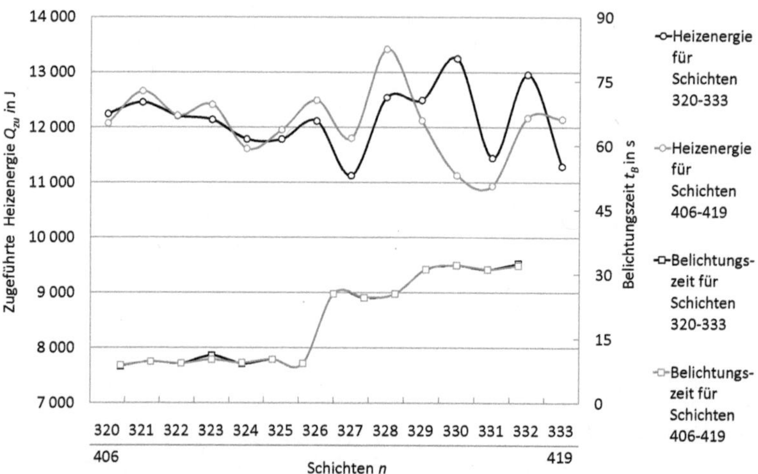

Bild 5.11: Verlauf der Belichtungszeit t_B und der zugeführten Heizwärme Q_{H1}.

Fallbeispiel 1: Variation von Q_{ab} (Belichtungsfläche A = konstant)   Auf der Rückseite der Bauteilgeometrie „Abdeckung Mittelkonsole" sind konstruktiv Schnappelemente vorgesehen, die die Größe der Belichtungsfläche A von aufeinander folgenden Schichten (s. Bild 5.12) kaum ändern. Während die Belichtungsfläche A als konstant betrachtet wird, nimmt im Lasersinterprozess (Material: PA 12-Pulver mit 40 Gew.- % Neumaterial; Materialtyp: PA2200; Anlagentyp: P100; Hersteller: EOS GmbH; Volumenenergiedichte $E_{V,O2}$ = 0,34 J/mm^3, s. Tabelle 4.3) die Belichtungszeit im Bereich der Schnapphaken (Schichten: 1894...1941) um etwa 5 s zu (s. Bild 5.13). Die Schwankungen der Belichtungszeit ergeben sich aus der wechselnden Belichtungsrichtung, in x- und y-Richtung (Belichtungsart „alternierend" s. Abschnitt 4.1.1). Eine Korrelation der ebenfalls schwingenden Wärmezufuhr Q_{H1} mit der Änderung der Belichtungszeit ist jedoch nicht erkennbar. Im Bereich der Schnapphaken zeichnen sich einzelne Linien auf der Oberfläche in Baufortschrittsrichtung z ab (s. Bild 5.12).

Die über den Laserstrahl eingebrachte Wärmemenge Q_L ändert sich angesichts der annähernd gleich großen Belichtungsfläche kaum. Die durch die Heizung zugeführte Wärme Q_{H1} wird nach Bild 5.13 nicht von der sich ändernden Belichtungsfläche beeinflusst. Es wird daher angenommen, dass die vom Pyrometer gemessene mittlere Pulverbetttemperatur T_G konstant bleibt. Aufgrund der höheren Gesamtprozesszeit bei annähernd gleicher Belichtungsfläche gibt das System „Schicht" mehr Wärme ab als über Laser und Heizung zugeführt werden kann. Es kommt zur Ausbildung der Linienstruktur an der Oberfläche.

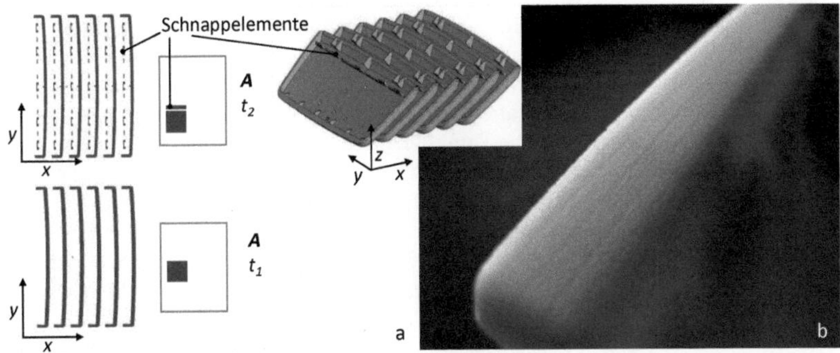

Bild 5.12: Veränderung des Energiehaushalts von in z-Richtung aufeinander folgenden Schichten bei annähernd konstanter Belichtungsfläche A.

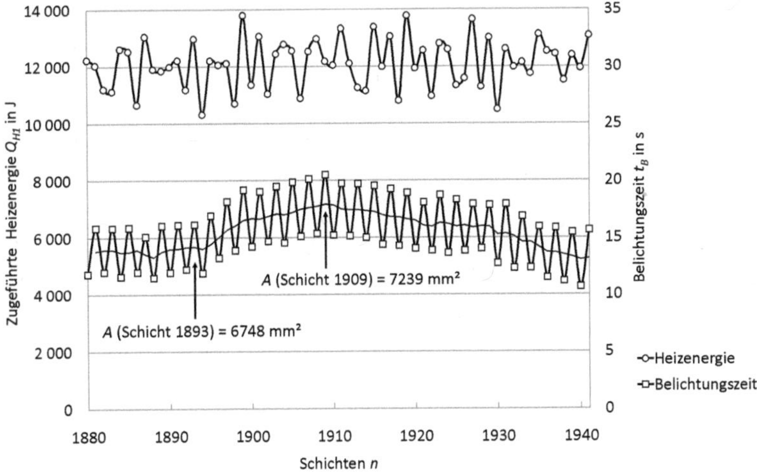

Bild 5.13: Erhöhung der Belichtungszeit t_B aufgrund veränderter Schichtinformationen von in z-Richtung aufeinander folgenden Schichten.

Fallbeispiel 2: Variation von Q_{zu} (Belichtungszeit t_B = konstant) Trotz konstant gehaltener Belichtungszeit t_B wurden in einer Untersuchung (Material: PA 12-Pulver mit 40 Gew.-% Neumaterial; Materialtyp: PA2200; Anlagentyp: P100; Material- und Anlagenhersteller: EOS GmbH; Volumenenergiedichte $E_{V,O2}$ = 0,34 J/mm^3, s. Tabelle 4.3) Linienstrukturen auf der Oberfläche eines Winkelprofils beobachtet:

Wie aus Bild 5.14 hervorgeht, zeigen sich die Oberflächenlinien auf dem Winkelprofil in Höhe der Boden- und Deckfläche (50 x 50 mm) von zusätzlich im Baujob integrierten Würfeln (Wandstärke = 2 mm). Weiter enthielt der Baujob ein Dummybauteil, dessen Aufgabe darin bestand, die Belichtungszeit t_B über die Schichten konstant zu halten. Das Dummybauteil gab eine zusätzliche Belichtungsfläche A' vor, die aber mit deutlich reduzierter Energiedichte (Volumenenergiedichte $E_V = 0{,}02$ J/mm^3) belichtet wurde. Wie Bild 5.15 verdeutlicht, betrug die Belichtungszeit über die gesamte Bauhöhe konstant 5 s. Darüber hinaus ist in Bild 5.15 ein leicht verschobener Mittelwert der zugeführten Heizenergie zu bemerken, der sich ohne Einschwingzeit mit Beginn der Bodenfläche des Würfels 3 einstellt.

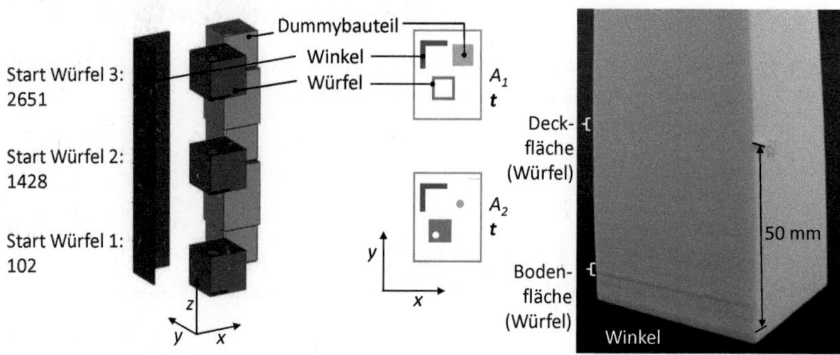

Bild 5.14: Bildung von Oberflächenlinien trotz konstanter Belichtungszeit t_B.

Die visuell erkennbaren Oberflächenlinien werden auf folgende Zusammenhänge zurückgeführt: Die abgeführte Wärmemenge Q_{ab} wird aufgrund der gleich bleibenden Belichtungszeit als annähernd konstant angenommen. Die über die Laserbelichtung zugeführte Wärmemenge Q_L muss infolge der größeren Belichtungsfläche der Bodenfläche ansteigen. Da sich damit die globale Pulverbetttemperatur T_G erhöht, verändert sich auch die mittlere Wärmezufuhr der Heizung Q_{H1}. Die Schwingungsbreite der zugeführten Wärmemenge Q_{H1} scheint gegenüber dem Eingangsbeispiel (s. Bild 5.11) in geringerem Ausmaß beeinflusst zu werden, da die Änderung der Belichtungsfläche kleiner ausfällt. Infolge der reduzierten Wärmezufuhr wird das energetische Gleichgewicht aufeinander folgender Schichten gestört und es entstehen charakteristische Oberflächenlinien.

Im Hinblick auf die dargestellten Beispiele bleibt schließlich festzuhalten, dass die einer Schicht zugeführten Wärmemengen Q_{zu} im Wesentlichen über die Größe der Belichtungsfläche und die abgeführten Wärmemengen Q_{ab} über die Belichtungszeit t_B bestimmt werden. Die Untersuchungen verdeutlichen zudem, dass Oberflächenlinien oftmals als Folge der Schwingungsbreite der Heizwärme Q_{H1} auftreten. Die Reaktion der Heizung wird dabei von der globalen Pulverbetttemperatur T_G bestimmt, die vom Pyrometer der Lasersinteranlage aufgenommen wird. Da die globale Pulverbetttemperatur T_G von den lokalen Temperaturen T_L abweicht und lediglich eine

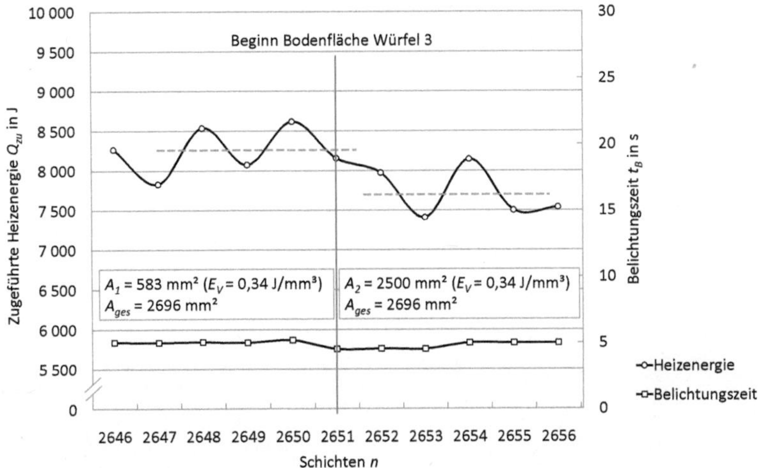

Bild 5.15: Einfluss der über den Laserstrahl zugeführten Wärmemenge Q_L auf die zugeführte Heizwärme Q_{H1} bei konstanter Belichtungszeit t_B.

über die Fläche konstante Heizwärme zugeführt wird, können Temperaturgradienten nicht ausgeglichen werden. An dieser Stelle sei neben dem Einschwingverhalten und der Trägheit der Heizungsregelung auch auf die Wärmespeicherung im Pulverbett verwiesen.

5.3.2 Lokale Pulverbetttemperatur eines Volumenelements (System II)

Mit der Absicht, den gegenseitigen Einfluss von benachbarten Bauteilen in einem Baujob zu untersuchen, wurde über verschiedene Fertigungsprozesse der Abstand einer horizontalen Platte (50 x 50 x 2 mm) zu einem senkrechten Winkelprofil verändert (Material: PA 12-Pulver mit 40 Gew.-% Neumaterial; Materialtyp: PA2200; Anlagentyp: P100; Material- und Anlagenhersteller: EOS GmbH; Volumenenergiedichte $E_{V,O2} = 0{,}34$ J/mm³, s. Tabelle 4.3). Die Oberflächen der Winkelprofile ebenso wie die Positionierung der Probegeometrien zeigt Bild 5.16. Bei einem Plattenabstand von 1 mm kann eine definierte und erhöhte $(+xy)$-Oberflächenlinie bemerkt werden (s. Bild 5.16 a). Mit dem Beginn der horizontalen Platte im Abstand von 5 mm entstehen offensichtlich unregelmäßige Linienstrukturen in Baufortschrittsrichtung z (s. Bild 5.16 b) in ähnlicher Ausprägung wie in Bild 5.14.

Nachdem in Abschnitt 5.3.1 das System einer Schicht untersucht wurde, rückt nun das Volumenelement als System innerhalb einer Schicht in den Mittelpunkt der Betrachtungen (s. Bild 5.17). In gleicher Weise wie beim System „Schicht" wird dem System „Volumenelement" Wärme über die Heizung zugeführt. Der direkte

Energieeintrag über den Laserstrahl beschränkt sich auf die Belichtung des spezifischen Volumenelements und hängt von der Einwirkzeit t_e und der Verzögerungszeit t_d zwischen Belichtungsvektoren ab. Das System „Volumenelement" gibt Energie an die Umgebung ab, wenn andere Volumenelemente derselben Schicht belichtet werden. Ebenso kann das Volumenelement Energie über Wärmetransportphänomene von beispielsweise aufgeschmolzenen Gebieten der Pulverbettumgebung aufnehmen. Die Temperatur eines spezifischen Volumens in der Pulverschicht wird als die lokale Pulverbetttemperatur T_L bezeichnet und bestimmt auf Basis der physikalischen Zusammenhänge von Abschnitt 5.2 die Abmessungen eines aufzuschmelzenden Volumenelements.

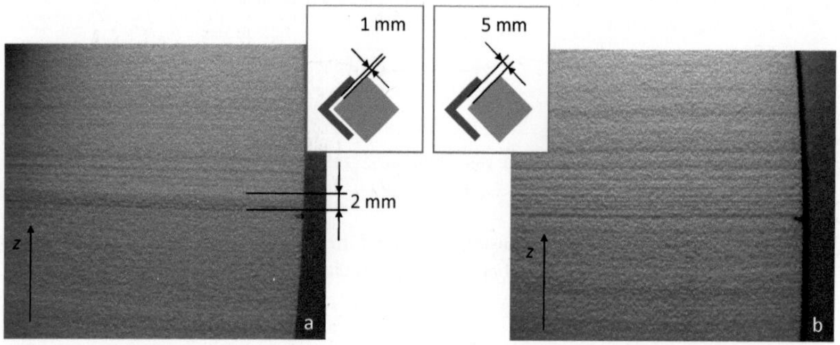

Bild 5.16: Linienstruktur aufgrund lokaler Temperaturen und Wärmetransportmechanismen im Pulverbett: Verschiedene Abstände einer massiven Probegeometrie zum Winkelprofil. - a) 1 mm Abstand; b) 5 mm Abstand.

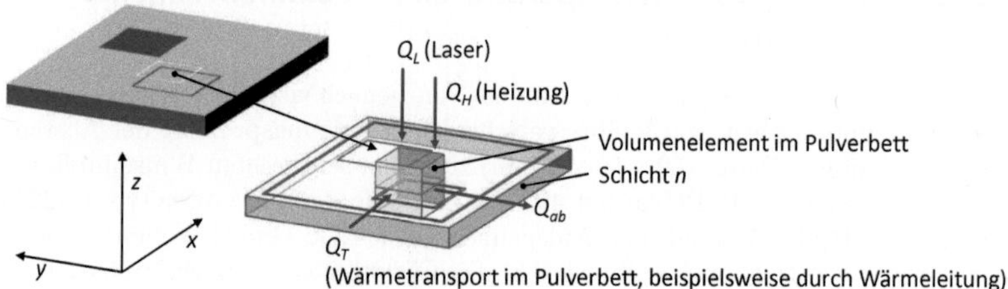

Bild 5.17: Betrachtung eines „Volumenelements": Lokale Temperatur T_L und Wärmeaustausch im Pulverbett.

Die ausgebildete Linienstruktur der Winkeloberfläche auf Höhe der horizontalen Platten ähnelt hinsichtlich Tiefe und Abstände den Oberflächenlinien nach einer sprunghaften Veränderung der Belichtungsfläche und damit der globalen Pulverbetttemperatur T_G (s. Bild 5.14). Schwankungen der Wärmezufuhr durch die

Heizung werden als Ursache für die ungleichmäßig ausgebildeten Linien gesehen. Die nach außen gewölbte Oberflächenlinie des Winkelprofils, das in einem Pulverbettabstand von 1 mm zur horizontalen Platte gefertigt wurde, wird jedoch auf direkte Wärmetransportphänomene der von der horizontalen Platte abgegebenen Energie zurückgeführt.

5.3.3 Superpositionen bei Fill- und Konturbelichtung

Auf der Oberfläche des Bauteils „Abdeckung Mittelkonsole", das in 45°-Orientierung zur (x, y)-Ebene im Lasersinterprozess gefertigt wurde (Material: PA 12-Pulver mit 40 Gew.-% Neumaterial; Materialtyp: PA2200; Anlagentyp: P100; Material- und Anlagenhersteller: EOS GmbH; Volumenenergiedichte $E_{V,O2} = 0{,}34$ J/mm^3, s. Tabelle 4.3), zeigen sich gekrümmte Linien (s. Bild 5.18), die sich über mehrere Volumenelemente in Baufortschrittsrichtung z ausdehnen.

Bereits mehrfach wurde in den vorangegangenen Abschnitten auf den physikalischen Zusammenhang verwiesen, wonach die ausgebildete Form eines Volumenelements wesentlich von der Höhe der globalen und lokalen Pulverbetttemperatur, T_G und T_L, bestimmt wird. Da es sich jedoch nicht um die Abmessungen spezifischer Volumenelemente handeln kann, sondern vielmehr um eine punktuelle Ausdehnung, soll im Folgenden der sequenzielle Energieeintrag über die Laserbelichtung betrachtet werden:

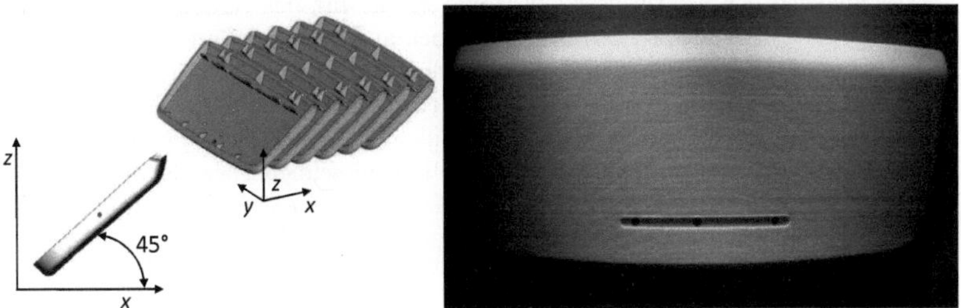

Bild 5.18: Exemplarische Oberflächenkurven auf Bauteilen, die in 45°-Orientierung zur (x, y)-Ebene im Lasersinterprozess gefertigt wurden.

In Abschnitt 3.1 ist über die Überlappungsvariable γ_i auf die Superposition der Intensitätsverteilung das Laserstrahls bei benachbarten Scanvektoren hingewiesen worden. Die im Lasersinterverfahren entstehende Form des Volumenelements wird nicht nur über das berechnete Volumen und die vorherrschende globale Pulverbetttemperatur, sondern auch durch das Muster der Laserbelichtung definiert:

So beschreiben die Richtung und Anordnung der Vektoren im Wesentlichen die Strategie der Belichtung (s. Abschnitt 4.1.1). Optional kann der Laser die belichtete Fläche des Volumenelements mit einer Kontur versehen. Das Abfahren der Vektoren impliziert Superpositionen der Laserintensitätsverteilung. Diverse Arbeiten haben bereits auf die Superposition der Intensitätsverteilung des Laserstrahls in z-Richtung hingewiesen (s. Bild 3.7, u.a. [76, 79, 137]). An dieser Stelle interessiert jedoch die Wirkung von Superpositionen auf die Oberflächenstruktur und Volumenelementausdehnung in x-/y-Richtung. Bei näherer Betrachtung des Vektorenfeldes eines Belichtungsmusters fällt auf, dass es nicht nur zur Überlagerung von Fill-Laserbahnen, sondern auch von Kontur- und Fill-Laserbahnen kommt, wie die Skizze in Bild 5.19 zeigt.

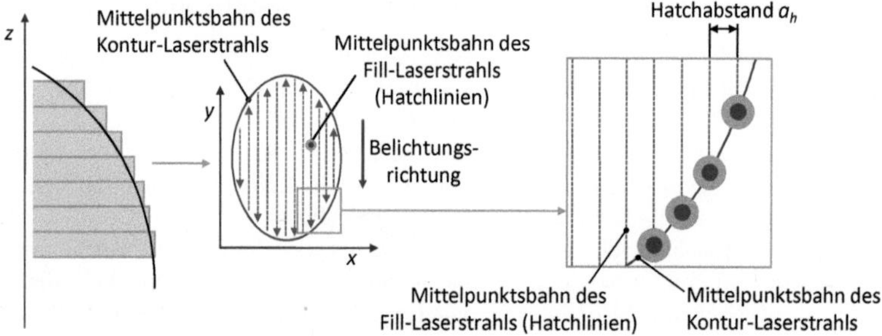

Bild 5.19: Modellvorstellung: Superpositionen von Laserbahnen in der (x, y)-Ebene.

Wenngleich der Konturlaser zur Homogenisierung der Kontur von Volumenelementen beitragen soll, so kommt es dennoch aufgrund der Superpositionen mit den Fill-Laserbahnen zu lokalen Temperaturerhöhungen. Da sich die Richtung der Fill-Laserbahnen und die Kontur des Volumenelements von Schicht zu Schicht ändern, verschieben sich die Stellen, an denen sich Fill- mit Konturlaserbahnen überlagern (s. Bild 5.20) in Baufortschrittsrichtung z. Bei ausschließlicher Belichtung in x-Richtung treffen die Vektoren im Beispiel annähernd senkrecht auf die Tangente der Oberflächenkrümmung.

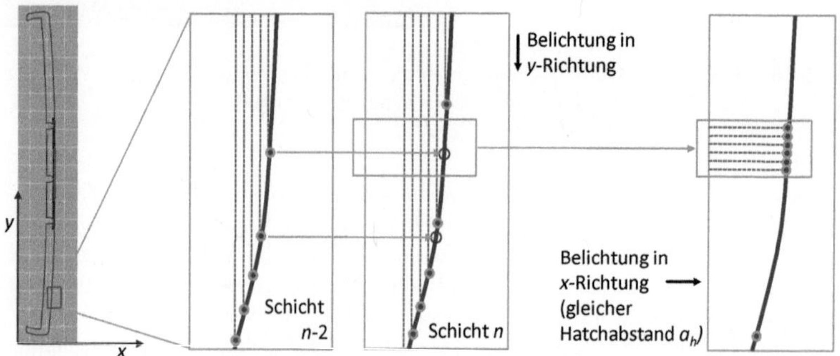

Bild 5.20: Details zur Modellvorstellung von Superpositionen: Ortswechsel der Superpositionen in Abhängigkeit der Kontur und der Belichtungsrichtung.

Die in Bild 5.18 sichtbaren Kurven der Bauteiloberfläche werden somit auf Superpositionseffekte infolge der Volumenelementbelichtung zurückgeführt:

Hypothese Über die Addition der spezifisch verteilten Superpositionen je Volumenelement in z-Richtung bilden sich an der Oberfläche verschiedene Kurvenmuster aus. Die Kurven zeigen sich besonders bei gekrümmten Oberflächen und werden dabei von der gewählten Belichtungsstrategie der Volumenelemente beeinflusst.

Mit den folgenden Untersuchungsbeispielen soll der Einfluss des Hatchabstandes und der Richtung der Vektoren auf die Oberflächenstruktur dargestellt werden:

Abstand der Vektoren (Hatchabstand) Die Bauteilgeometrie „Abdeckung Mittelkonsole" wurde in 45°-Orientierung zur (x, y)-Ebene mit variierenden Hatchabständen, genauer mit 0,25 oder 0,22 mm, gefertigt (Material: PA 12-Pulver mit 40 Gew.- % Neumaterial; Materialtyp: PA2200; Anlagentyp: P100; Material- und Anlagenhersteller: EOS GmbH; Volumenenergiedichte $E_{V,O1}$ und $E_{V,O2} = 0,34$ J/mm^3, s. Tabelle 4.3). Die alternierende Belichtungsstrategie mit Scanvektoren in x- und y-Richtung aufeinander folgender Schichten wurde beibehalten (s. Bild 4.2).

Wie aus Bild 5.21 b hervorgeht, haben sich die Oberflächenkurven der Bauteile, die mit einem Hatchabstand von 0,22 mm gefertigt wurden, um 180° gedreht.

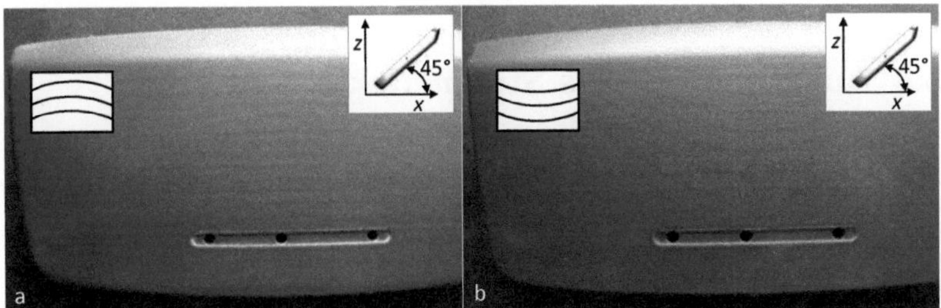

Bild 5.21: Oberflächenausbildung in Abhängigkeit des Vektorabstands. - a) Hatchabstand $a_h = 0,25$ mm; b) Hatchabstand $a_h = 0,22$ mm.

Vektorrichtung Die Volumenelemente im 45°-Winkel zur (x, y)-Ebene orientierten Bauteile „Abdeckung Mittelkonsole" wurden über die vollständige z-Höhe des Bauteils entweder in x- oder in y-Richtung im Lasersinterprozess belichtet (Material: PA 12-Pulver mit 40 Gew.-% Neumaterial; Materialtyp: PA2200; Anlagentyp: P100; Material- und Anlagenhersteller: EOS GmbH; Volumenenergiedichte $E_{V,O2} = 0,34$ J/mm^3, s. Tabelle 4.3). Je Belichtungsrichtung wurden fünf Bauteile hergestellt und deren Oberflächen makroskopisch betrachtet.

Bei konstanter Belichtung in y-Richtung zeichnen sich die bekannten Kurven an der Oberfläche ab (s. Bild 5.22 a), wohingegen auf den Oberflächen von Bauteilen, deren Volumenelemente gleichbleibend in x-Richtung belichtet wurden, keine Oberflächenkurven (s. Bild 5.22 b) bemerkbar sind. Der kürzere Abstand der Superpositionen

und die reduzierte Verzögerungzeit t_d aufgrund der kürzeren Belichtungsvektoren
(s. Skizze Bild 5.20) führen scheinbar zu einer höheren lokalen Temperatur und
damit zu einer besseren Verschmelzung der Laserbahnen als bei einer Belichtung
in y-Richtung (s. Abschnitt 3.1.2), weshalb sich kein Kurvenmuster infolge lokaler
Temperaturspitzen in der Oberflächenkontur ausbilden kann.

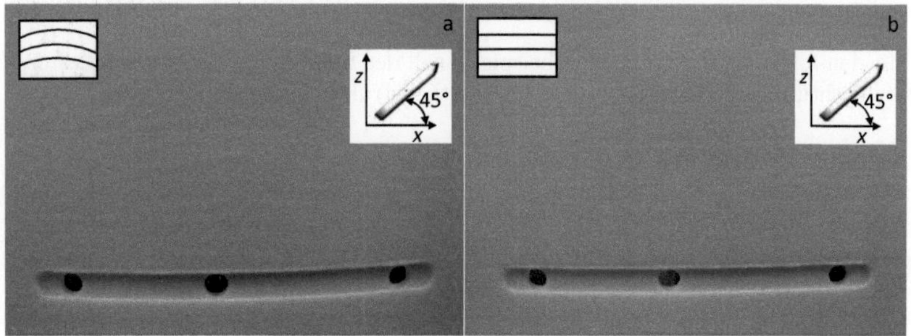

Bild 5.22: Oberflächenausbildung in Abhängigkeit der Vektorrichtung. - a) Belichtungsvektoren in y-Richtung; b) Belichtungsvektoren in x-Richtung.

5.4 Auswirkungen des Stufeneffekts auf Bauteileigenschaften

Im Allgemeinen gilt der Stufeneffekt als ein Oberflächencharakteristikum, das dem
technologischen Prinzip additiver Fertigungsverfahren zu Grunde liegt. Wie bereits
in Bild 3.14 und Bild 3.15 theoretisch angedeutet wurde [100–102], bildet sich
der Stufeneffekt in Abhängigkeit der Orientierung des Bauteils unterschiedlich aus.
Bild 5.23 stellt den Stufeneffekt bei einer gekrümmten Bauteiloberfläche auf Basis
eines einheitlichen CAD-Modells mit variierender Orientierung dar.

Der Stufeneffekt lässt sich deutlich reduzieren, wenn die Energiedichte der Fill-
und der Kontur-Belichtung abgestimmt werden. Die generelle Aufgabe der Kontur-
Belichtung besteht darin, die Oberfläche von Bauteilen zu homogenisieren [101]
(s. Abschnitt 4.1.1). Exemplarisch zeigt also Bild 5.24 ein lasergesintertes Oberflä-
chenmuster, das 45° zur (x, y)-Ebene im Bauraum orientiert und mit verschieden
hoher Laserstrahlleistung der Kontur-Belichtung P_K (s. Prozesseinstellungen O3-05
nach Tabelle 4.3) gefertigt wurde (Material: PA 12-Pulver mit 40 Gew.-% Neumaterial; Materialtyp: PA2200; Anlagentyp: P100; Material- und Anlagenhersteller: EOS
GmbH). Die Geschwindigkeit und die Strahlverschiebung des Konturlasers ebenso
wie die Volumenenergiedichte der Fill-Belichtung blieben dabei konstant. Wie aus
Bild 5.24 hervorgeht, bewirkt die Strahlleistung des Konturlasers P_K von 14,4 W
eine Verringerung des Stufeneffekts.

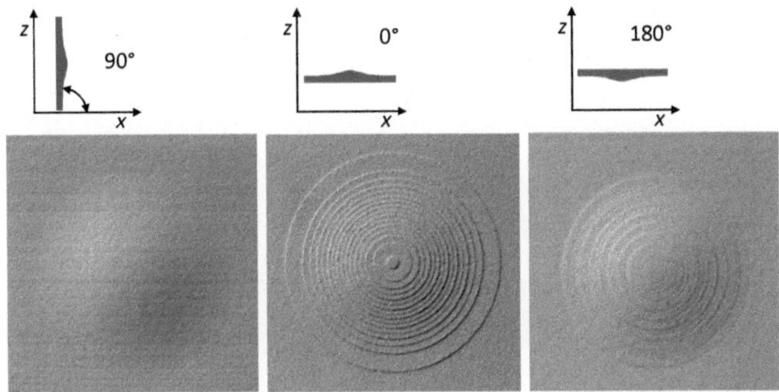

Bild 5.23: Ausbildung des Stufeneffekts bei konstanter Bauteilgeometrie in Abhängigkeit der Orientierung.

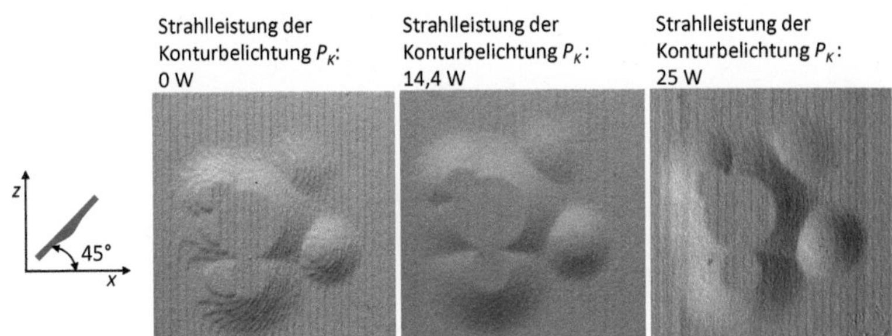

Bild 5.24: Reduzierung des Stufeneffekts durch Abstimmung der Energiedichte des Laserstrahls von Kontur- und Fill-Belichtung.

Im Hinblick auf die Strukturanalyse lasergesinterter Oberflächen in Kapitel 6 und Kapitel 7 ist es von Interesse, ob die typischen Stufeneffekte lasergesinterter Kunststoffe als Oberflächenunregelmäßigkeiten die mechanischen Langzeiteigenschaften beeinträchtigen. Der Festigkeitsabfall im Rahmen der Materialermüdung geht in vielen Fällen der Werkstofftechnik von der Rauigkeit der Oberfläche aus [138, 139]. Um den Einfluss des Stufeneffekts auf das mechanische Leistungsvermögen über Langzeit bewerten zu können, wurden lasergesinterte Probekörper mit und ohne Oberflächenbehandlung im Laststeigerungsverfahren (Prüfparameter s. Abschnitt 4.2.2) untersucht.

In Anlehnung an die theoretische Maximalrauigkeit nach Gl. 3.12 wurden die Proben, wie in Bild 2.4 dargestellt, 45° zur (x, y)-Ebene im Lasersinterprozess orientiert (Material: PA 12-Pulver mit 40 Gew.-% Neumaterial; Materialtyp: PrimePart; Anlagentyp: P100; Material- und Anlagenhersteller: EOS GmbH; Volumenenergiedichte: $E_{V,S2}$ nach Tabelle 4.2). Die Probekörper wurden im Vorfeld des generativen

Bauprozesses etwas größer skaliert, da abschließend bei der Hälfte der Proben die Oberfläche auf allen Seiten um 0,2 mm in einem Schleifprozess unter Wasserkühlung abgetragen wurde, um den Stufeneffekt zu beseitigen. Im Laststeigerungsverfahren wurde die nominelle Dehnung der Probekörper aufgezeichnet, die in Abhängigkeit der Schwingspielzahlen und des Spannungsprofils in Bild 5.25 dargestellt ist.

Beim Vergleich des Dehnungsverlaufs lasergesinterter Probekörper mit unbehandelter und behandelter Oberfläche lassen sich weder Veränderungen im Deformationsverhalten noch in den Versagenszeitpunkten im Rahmen des vorgegebenen Lastprofils erkennen. Daraus wird gefolgert, dass das mechanische Leistungsvermögen überwiegend von den Struktureigenschaften des Kernmaterials bestimmt wird.

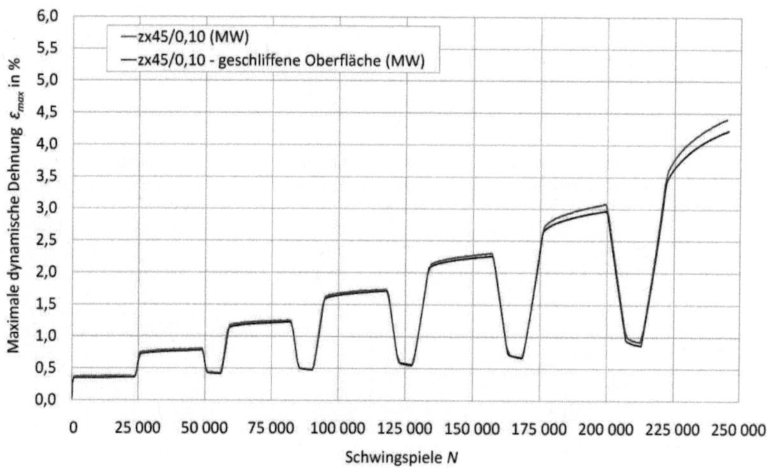

Bild 5.25: Maximale dynamische Dehnung von lasergesintertem PA 12 (zx45/0,10), mit und ohne Nachbehandlung durch Schleifen, in Abhängigkeit der Schwingspielzahl und Belastungshöhe (auch in [140]).

5.5 Bedeutung der Oberflächenstruktur: Zusammenfassung und Fazit

Zusammenfassung der Untersuchung Die zunehmende Personalisierung und Individualisierung der Bedarfe erfordert flexible Fertigungstechniken, damit trotz steigender Komplexität eine wirtschaftliche Herstellung von Bauteilen möglich wird. Was lasergesinterte Oberflächen betrifft, so interessiert erstens deren Charakteristik, um die Materialität lasergesinterter Kunststoffe in Bauteilen, die sich im Wirkungsbereich des Fahrzeugnutzers befinden, darstellen zu können. Zweitens geht es um die Vermeidung von aufwendiger Nacharbeit, um das Potenzial einer effizienten

Fertigung von individualisierten Lasersinterbauteilen für Kleinserien zu steigern. Wie in Abschnitt 2.4 gezeigt wurde, stehen funktionsfähige Lackierungen für lasergesinterte Oberflächen bereits zur Verfügung. Vielmehr sollten die Grenzen der prozesstechnischen Beeinflussbarkeit und der Reproduzierbarkeit von lasergesinterten Oberflächenstrukturen festgestellt werden. Schließlich blieb die Klärung der Relevanz des typischen Stufeneffekts sowohl für die ästhetischen als auch mechanischen Produkteigenschaften.

Im Mittelpunkt der Oberflächenuntersuchung standen die typischen Oberflächensprünge in Baufortschrittsrichtung z von geraden oder leicht gekrümmten Flächenprofilen (s. Bild 5.2). Nach dem bekannten Stand der Technik wurden diese linienförmigen Merkmale lasergesinterter Oberflächen bislang nicht als Untersuchungsgegenstand gesehen. Vielmehr erfolgte die Charakterisierung lasergesinterter Oberflächen über den Stufeneffekt und Rauigkeitskennwerte. Um die Ursachen der Entstehung der Oberflächenstruktur identifizieren zu können, wurden prozesstechnische Gegebenheiten mit den Oberflächenabweichungen in Beziehung gesetzt. Für die Analyse waren letztendlich die anlagenseitige Dokumentation von Prozesszeiten und Heizleistungen sowie die makroskopische Oberflächenstruktur relevant.

Die Untersuchungen zeigten, dass linienförmige Oberflächenmerkmale lasergesinterter Bauteile prinzipiell auf die von der Soll-Kontur des Bauteils abweichenden Abmessungen einzelner Volumenelemente nach dem Fertigungsprozess zurückgeführt werden können. Die individuelle Ausdehnung eines Volumenelements hängt dabei primär von den Temperaturen des Pulverbetts vor der Laserbelichtung und der infolge der Laserbelichtung entstehenden Temperaturen ab. Modelle auf Basis thermodynamischer Beziehungen dienten im Wesentlichen als ein Hilfsmittel, um die Komplexität des Systems im Pulverbett und die Dynamik der Laserbelichtung zu vereinfachen. Als Zustandsgröße der thermodynamischen Systeme im Pulverbett wird die Temperatur von zu- und abgeführten Wärmemengen bestimmt. Bei einem gestörten thermischen Gleichgewicht, beispielsweise einem Temperaturabfall aufgrund erhöhter Wärmeabfuhr, kann ein Oberflächensprung identifiziert werden. Wärme wird dann in höherem Ausmaß abgeführt als Heizwärme zugeführt, wenn sich die Belichtungszeit t_B und/oder die Belichtungsfläche A je Schicht sprunghaft in Baufortschrittsrichtung z erhöhen. Überdies gelten Instabilitäten der Wärmezufuhr durch die Heizungseinrichtung infolge der Temperaturregelung als weitere Einflussgröße. Für die zugeführte Wärmemenge je Schicht ist die vom Pyrometer aufgenommene globale Temperatur der Schicht nach dem Beschichtungsvorgang bedeutend. Gespeicherte Wärmemengen im Pulverbett als auch die Trägheit des Heizungssystems führen zu zusätzlichen Verschiebungen der Wärmezufuhr. Die gegenseitige Beeinflussung belichteter Volumenelemente über Wärmeleitung im Pulverbett spielt erst bei einem Abstand von 1 mm eine Rolle. Schließlich können sich Überlagerungen von Fill- mit Konturlaserbahnen in Abhängigkeit der Orientierung und/oder Bauteilgeometrie an der Oberfläche als Kurven abzeichnen.

Im Hinblick auf die folgende Strukturanalyse mit werkstoffmechanischen Methoden ist die Erkenntnis bedeutend, dass die dynamische Festigkeit offensichtlich nicht durch Oberflächenunregelmäßigkeiten, beispielsweise in Form von Stufeneffekten beeinflusst wird, als vielmehr durch die Struktureigenschaften des Schichtverbundes selbst.

Schlussfolgerungen　Für die Praxis des Lasersinterns mit der derzeitigen Anlagentechnik können folgende Empfehlungen abgeleitet werden: Oberflächensprünge bei lasergesinterten Bauteilen sind angesichts der stets variierenden Belichtungsfläche und Belichtungszeit je Schicht in Baufortschrittsrichtung z nur bedingt zu beeinflussen oder gar zu eliminieren. Allgemein gilt für die Zusammenstellung von Fertigungsprozessen, dass sprunghafte Veränderungen der Belichtungsfläche in z-Richtung sowie besonders große Belichtungsflächen im Messbereich des Pyrometers zu vermeiden sind. Wie die Untersuchungen zeigten, gibt das Pyrometer offensichtlich einen Messwert der globalen Pulverbetttemperatur T_G weiter, während die Differenz zwischen lokaler und globaler Pulverbetttemperatur nicht berücksichtigt wird und somit zu einer verfälschten Temperaturnachregelung über die Wärmezufuhr der Heizung führt. Die angedachte Maßnahme, eine einheitliche Gesamtprozesszeit in der Anlagensteuerung festzulegen, ist aufgrund der variierenden Wärmezufuhr infolge unterschiedlicher Belichtungsflächen je Schicht nicht zielführend, wie eine der Untersuchungen zeigte. Zudem würde die Gesamtzeit eines Bauprozesses erheblich verlängert werden. Zwischen den positionierten Bauteilen sollte ein Mindestabstand von 5 mm vorgesehen werden um Wärmeleitungseffekte auszuschließen. Zusätzliche Oberflächenlinien aufgrund der Superposition von Laserbahnen im Bereich der Bauteilkontur können eliminiert werden, indem die Bauteile derart orientiert und positioniert werden, dass Fill-Laserbahnen senkrecht auf Kontur-Laserbahnen im Belichtungsprozess treffen. Darüber hinaus lässt sich durch die abgestimmte Energieeinbringung in der Fill- und Konturbelichtung der Stufeneffekt in seiner Ausprägung reduzieren. Abschließend bleibt zu erwähnen, dass Oberflächenlinien teilweise durch das konstruktive Aufbringen einer Makrostruktur auf die Bauteilgeometrie kaschiert werden können (s. Bild 5.26 a).

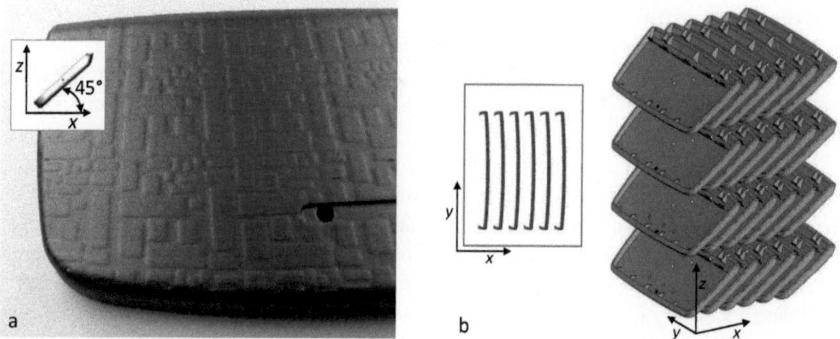

Bild 5.26: Fazit zur Oberflächenausbildung von lasergesinterten Bauteilen: a) Makrostruktur und 2K-Hydrolackierung (s. Prozess in Abschnitt 4.1.2); b) Virtuelle Vorbereitung des Fertigungsprozesses („Baujob").

Um zumindest die Reproduzierbarkeit der Linienstruktur auf lasergesinterten Oberfläche zu ermöglichen, ist auf eine geordnete und sich wiederholende Anordnung von Bauteilgeometrien im Fertigungsprozess (s. Bild 5.26 b) zu achten. Es geht

darum, den Verlauf der Prozesszeiten und der Größe der Belichtungsfläche über den
additiven Fertigungsprozess eines Bauteils in gleicher Weise zu wiederholen. Dazu
bedarf es der Positionierung einer Bauteilgeometrie und deren Kopien auf identischer
z-Höhe im Rahmen der Jobzusammenstellung. Durch das anschließende „Slicen"
werden die Bauteile in gleiche Volumenelemente zerlegt, was die Grundlage für eine
reproduzierbare Fertigung darstellt.

Bezogen auf die Weiterentwicklung der Anlagentechnik, wäre es für die Homogenität der Ausbildung eines Volumenelements vorteilhaft, wenn die Scanvektoren der
Fill-Belichtung in zusätzlichen Richtungen laufen können, damit Fill-Laserbahnen
stets senkrecht auf die Kontur treffen oder dem Polygonzug der Kontur konzen-
trisch folgen können. Unabdingbar ist ein genauer arbeitendes Heizsystem, welches
durch eine zeitlich und örtlich angepasste Temperaturmessung und Wärmezufuhr die
Homogenität der Temperaturverteilung im Pulverbett unterstützt. Ferner ist es offensichtlich notwendig die Trägheit des Heizsystems zu reduzieren und die gespeicherten
Wärmemengen im Pulverbett zu berücksichtigen.

Um lasergesinterte Bauteiloberflächen gezielter fertigen zu können, ist die Visualisierung von einer in Volumenelemente zerlegten Bauteilgeometrie vor dem Jobstart
wünschenswert.

Was das Grundlagenverständnis der Lasersintertechnologie betrifft, so scheint
die linienförmige Oberflächenstruktur in Baufortschrittsrichtung ein geeignetes Merkmal für die Prozessanalyse zu sein. Die im Rahmen dieser Arbeit durchgeführten
Untersuchungen der Oberflächenausbildung in Abhängigkeit verschiedener Prozessbedingungen erfolgte jedoch überwiegend makroskopisch. Die Pulverbettschicht
wurde dabei in ein globales und lokales System eingeteilt, wobei die jeweilige Temperatur sich infolge zu- und abgeführter Wärmemengen veränderte. Die Beträge
und Richtungen der Wärmeströme wurden aufgrund von Prozesszeiten abgeschätzt
und mit erkennbaren Oberflächenmerkmalen in Zusammenhang gestellt. Zukünftige
Simulationen und Experimente zur Oberflächenausbildung können nicht nur zum er-
weiterten Verständnis des Lasersinterprozesses beitragen, sondern auch die Prognose
von Bauteiloberflächen und Fortschritte in der Optimierung der Energieeinbringung
im Lasersinterprozess ermöglichen. Um die Komplexität des Lasersinterprozesses
beherrschen zu können, erscheint die Überführung in Teilsysteme im Pulverbett
hilfreich. Für die Qualität der Berechnung ist es jedoch essentiell, die Höhe und
Variabilität der über die Heizung zugeführten Wärme ebenso wie die Zusammenstellung des Fertigungsprozesses zu beachten. Temperaturen von thermodynamischen
Systemen, sowie zu- und abgeführte Wärmeströme bedürfen der Quantifizierung
durch Messung.

6 Makromechanische Strukturanalyse (Verformungsverhalten)

Die in Abschnitt 3.2 beschriebenen Verbindungsmechanismen in lasergesinterten Kunststoffen werden nicht für ausreichend befunden, um das mechanische Wirkprinzip des Schichtverbundes zu erklären, das der Ausgangspunkt des anisotropen Bauteilverhaltens sein muss. Im Rahmen der makromechanischen Strukturanalyse interessiert die Verformung des lasergesinterten Schichtverbundes als Folge von äußeren Belastungen. Volumenelemente und Grenzschichten stellen dabei homogene Einheiten dar. Um die Entwicklung der Deformation über einen entsprechenden Zeitraum beobachten zu können, wurde das Ermüdungsverhalten von lasergesinterten Kunststoffen infolge dynamischer Langzeitbeanspruchung geprüft. Schließlich besteht das Ziel des folgenden Kapitels darin, die Wirkmechanismen und Kenngrößen des lasergesinterten Schichtverbundes bei Verformung zu identifizieren.

6.1 Phänomen der Anisotropie mechanischer Eigenschaften

Um die Beobachtungen der Anisotropie von Bauteileigenschaften in Kapitel 2 zu konkretisieren, wurden mechanische Kennwerte von lasergesinterten Probegeometrien mit definierter Schichtstruktur unter Zugbeanspruchung ermittelt (Prozess: Volumenenergiedichte $E_{V,S1} = 0{,}30$ J/mm^3 nach Tabelle 4.1; Materialtyp: PrimePart).

Mit der Orientierung der Zugproben sollten Grenzfälle der Beanspruchungsrichtung von lasergesinterten Schichtstrukturen betrachtet werden [141]. Die Bezeichnung der Bauteil-Schichtstruktur (s. Abschnitt 4.2.1) geht aus Bild 6.1 hervor. Die Zugprüfungen wurden nach DIN EN ISO 527 (Anzahl der Proben je Sorte: 5) durchgeführt, wobei nähere Angaben zu den Prüfbedingungen in Abschnitt 4.2.2 im Rahmen der Beschreibung statischer Prüfungen zu finden sind. Die ermittelten Kennwerte Zug-E-Modul und Bruchdehnung ε_B sind in Abhängigkeit der Schichtorientierung in Bild 6.2 gegenübergestellt.

Zunächst fällt auf, dass über alle Varianten hinweg die Schichtstruktur y45 die höchste Bruchdehnung und die geringste Elastizität aufweist. Darüber hinaus zeigen die 45° zur (x, y)-Ebene orientierten Schichtstrukturen, zx45 und y45, in Kategorie I oder Kategorie II die größte Bruchdehnung. Aufgrund der vergleichsweise geringen Streuungen der Materialkennwerte je Schichtstruktur-Variante wird angenommen, dass sich lasergesinterte Schichtstrukturen nach einer bestimmten Systematik in Abhängigkeit der Orientierung der Schichtstruktur verhalten.

Die Schichtstruktur beschreibt dabei konkret die Relation von Bauteilgeometrie zur Schichtungsrichtung, wie bereits in Abschnitt 4.2.1 betont wurde.

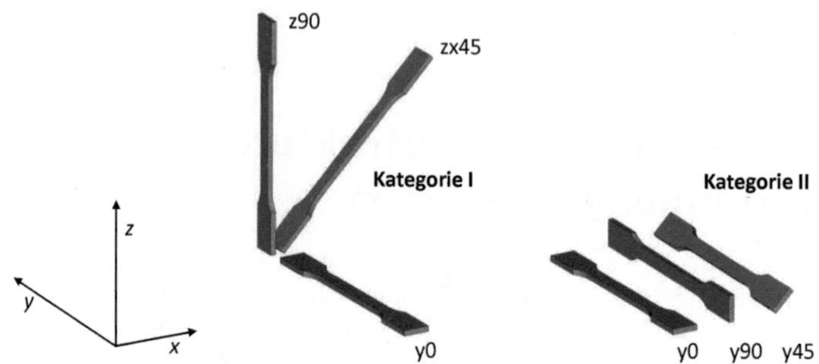

Bild 6.1: Orientierte Zugproben im Fertigungsprozess markieren Grenzfälle der Beanspruchungsrichtung von lasergesinterten Schichtstrukturen.

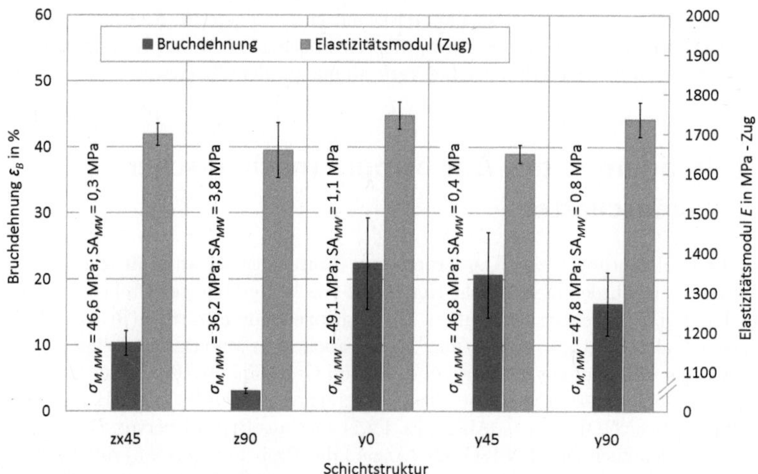

Bild 6.2: Bruchdehnung und Zug-E-Modul von lasergesinterten Probekörpern unterschiedlicher Schichtstruktur (Zugversuch nach DIN EN ISO 527).

6.2 Definition des Materialmodells

Anisotropie wird im Allgemeinen auf asymmetrische Phasen- und Spannungsverteilungen im Werkstoff bei Belastung zurückgeführt [142]. Es lässt sich aufgrund der beobachteten Anisotropie mechanischer Eigenschaften vermuten, dass es sich bei lasergesinterten Kunststoffen um inhomogene Materialstrukturen handelt, die durch die Schichten infolge des additiven Fertigungsprinzips beeinflusst werden. Im

Folgenden soll also die Ortsabhängigkeit der Materialeigenschaften in Abhängigkeit der vorliegenden Schichtstruktur näher betrachtet und definiert werden.

6.2.1 Mikroskopische Analyse lasergesinterter Schichtverbunde

Nach dem Stand der Technik von Abschnitt 3.2 werden anisotrope Eigenschaften modellhaft auf die unterschiedliche Intensität der Schichtverbindung im Raum zurückgeführt. Die eigentliche Charakterisierung von lasergesinterten Kunststoffen erfolgte bislang über den relativen Anteil an Poren oder unaufgeschmolzenem Material. Wie konkret sich jedoch Schichten ausbilden und als solche erkennbar bleiben, soll im folgenden Abschnitt mit mikroskopischen Aufnahmen von lasergesinterten Kunststoffproben (Prozess: Volumenenergiedichte $E_{V,S2} = 0{,}30$ J/mm^3 und $E_{V,S3} = 0{,}84$ J/mm^3 s. Tabelle 4.2; Materialtyp: PrimePart) dargestellt werden.

Die Betrachtung der präparierten An-/Dünnschliffe erfolgte teils lichtmikroskopisch (Lichtmikroskop: Leica Type DM 4000 M, Hersteller: Leica), teils rasterelektronmikroskopisch (Rasterelektronenmikroskop: Zeiss DSM 960A, Hersteller: Zeiss). Wie die Aufnahmen (s. Bild 6.3, Bild 6.4) zunächst zeigen, lässt sich der lasergesinterte Kunststoff sowohl mit mittlerer ebenso wie mit hoher Volumenenergiedichte als Schichtstruktur mit den zwei Phasen der Volumenelemente und Grenzschichten sowie mit einer über den Querschnitt verteilten Porosität identifizieren. Dunkle Be-

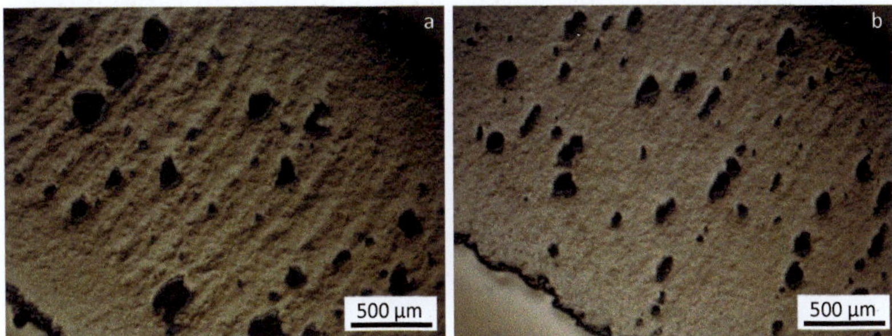

Bild 6.3: Lichtmikroskopische Anschliffaufnahmen von lasergesinterten Schichtstrukturen, die mit hoher (a)/ mittlerer (b) Volumenenergiedichte gefertigt wurden (auch in [134]).

reiche (s. Bild 6.4) der Schichtstruktur sind besonders in der oberflächennahen Zone des betrachteten Bauteils zu bemerken. Es handelt sich dabei um Hohlräume und scheinbar um Anhäufungen des Farbpigments Titandioxid, wie eine EDX-Analyse (s. Bild A.6) zeigt. Was die Hohlräume betrifft, so zeichnen sich diese durch schärfere Randkonturen in den rasterelektronenmikroskopischen (s. Bild 6.5 a) und lichtmikroskopischen (s. Bild 6.6) Aufnahmen aus. Es wird vermutet, dass entweder die Füllstoffe mit dem Farbpigment Titandioxid während des Kristallwachstums aus dem Kern gedrängt werden und sich an den Korngrenzen sammeln oder dass es sich bei den dunklen Bereichen um unaufgeschmolzene Pulverreste mit konzentriertem

Füllstoff und abweichender Materialdichte handelt. Für eine endgültige Schlussfolgerung wird die Kenntnis der Füllstoffverteilung im pulverförmigen Ausgangsmaterial als notwendig erachtet. Mit der Variation von Fertigungsparametern veränderte sich die Schichtstruktur:

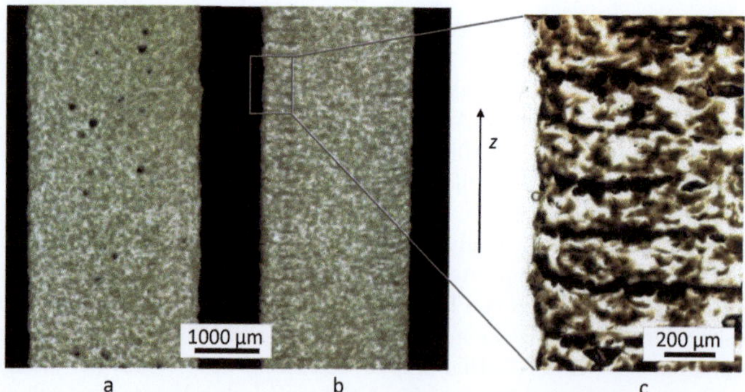

Bild 6.4: Lichtmikroskopische Dünnschliffaufnahme von lasergesinterten Schichtstrukturen. - a) Hohe Volumenenergiedichte; b) Mittlere Volumenenergiedichte; c) Detailbereich der Randzone von (b) im nicht polarisierten Licht.

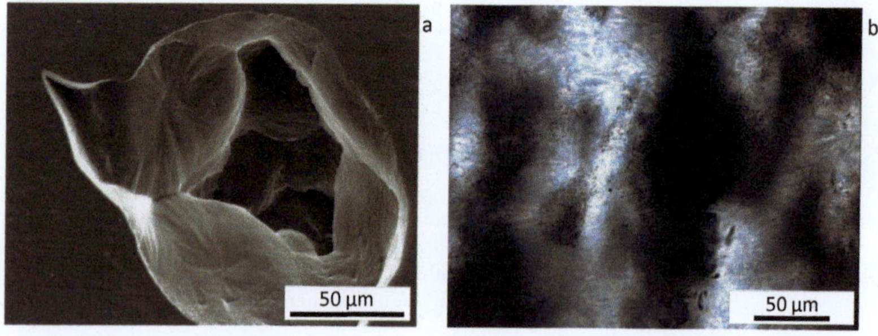

Bild 6.5: Details von typischen Materialinhomogenitäten. - a) Rasterelektronenmikroskopische Anschnittaufnahme einer Fehlstelle; b) Lichtmikroskopische Dünnschliffaufnahme einer heterogenen Stelle.

Variation der Volumenenergiedichte (konstante Schichtstärke $h_S = 0{,}1$ mm)
Die Dicke der Volumenelemente und Grenzschichten einer Schichtstruktur, die mit der höheren Volumenenergiedichte $E_{V,S3}$ hergestellt wurde, hat nach Bild 6.3 a zugenommen, verglichen mit der Schichtstruktur basierend auf der mittleren Volumenenergiedichte $E_{V,S2}$ (s. Bild 6.3 b). Im Hinblick auf die Materialproben des

Fertigungsprozesses mit $E_{V,S3}$ ist zu bemerken, dass sich die Fehlstellen bei höherer Volumenenergiedichte eher im Werkstoffinneren konzentrieren und vergrößert erscheinen (s. Bild 6.3 a, Bild 6.4 a). Vor allem aber wurde die Schichtstruktur stärker entgegen der Baufortschrittsrichtung z verformt.Fehlstellen verteilen sich offensichtlich gleichmäßiger vom Werkstoffinneren bis zur Bauteiloberfläche und zeigen eine elliptische Verformung entlang der Grenzschicht bei der mittleren Volumenenergiedichte $E_{V,S2}$ (s. Bild 6.3 b). In lichtmikroskopischen Aufnahmen zeichnet sich die Schichtstruktur aufgrund einer größeren Menge an Inhomogenitäten im Grenzschicht- und Oberflächenbereich verstärkt ab (s. Bild 6.4 b).

Variation der Schichtstärke h_S (konstante Volumenenergiedichte E_V) Schichtstrukturen die auf der Anlage P100 (s. Bild 6.6 a) und P380 (s. Bild 6.6 b) mit gleicher Volumenenergiedichte (Prozess: $E_{V,S1}$ nach Tabelle 4.1 und $E_{V,S2}$ nach Tabelle 4.2; Materialtyp: PrimePart) hergestellt wurden, unterscheiden sich kaum voneinander. Es ist lediglich eine erhöhte Konzentration von Inhomogenitäten im oberflächennahen Bereich und eine stärker zerklüftete Oberflächenkontur bei einer Schichtstärke $h_S = 0{,}15$ mm festzustellen (s. Bild 6.6 b). Insgesamt zeigt sich, dass lasergesinterte Kunststoffstrukturen aus zwei übergeordneten Phasen bestehen, die mit einem gewissen Grad an Porosität versetzt sind. Die Heterogenität und die Form der Schichten verändert sich dabei in Abhängigkeit der Fertigungsbedingungen.

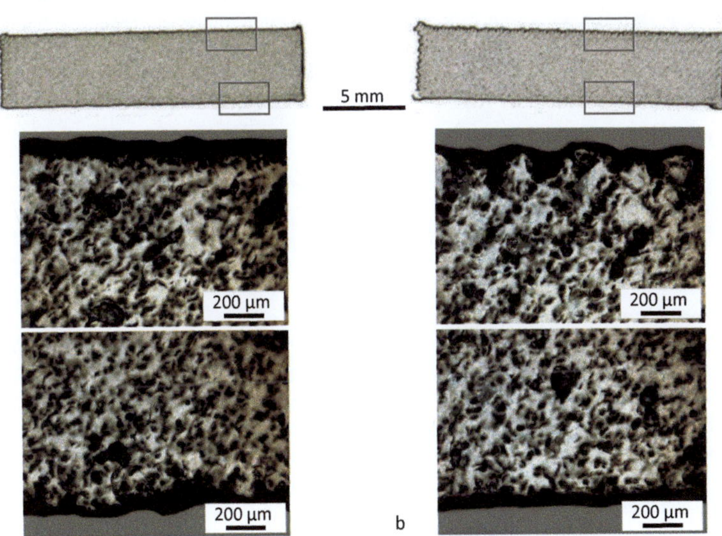

Bild 6.6: Lichtmikroskopische Dünnschliffaufnahmen von lasergesinterten Schichtstrukturen, die mit verschiedenen Schichtstärken h_S und konstanter Volumenenergiedichte gefertigt wurden. - a) Anlage P100 mit $h_S = 0{,}1$ mm; b) Anlage P380 mit $h_S = 0{,}15$ mm.

6.2.2 Abgrenzung von geschichteten Werkstoffen

Die Heterogenität von Kunststoffen lässt sich einerseits auf unterschiedlich ausgerichtete Phasen in der Gefügestruktur zurückführen, wobei sich die chemische Zusammensetzung in der Regel nicht ändert. Beispielsweise handelt es sich bei Molekülorientierungen in spritzgegossenen Thermoplasten um in Strömungsrichtung deformierte Makromoleküle, die eingefroren wurden, bevor die Relaxationsvorgänge in der Schmelze vollständig abgelaufen konnten [35, 38]. Andererseits werden mit der gezielten Kombination verschiedener Werkstoffe die Eigenschaften eines Bauteils optimiert, wie zum Beispiel bei Faserkunststoff- oder Klebverbunden [143, 144]. Die Heterogenität bekannter Werkstoffsysteme und lasergesinterter Kunststoffe lässt sich wie folgt beschreiben:

Faserverbund-Kunststoffe In Faserverbund-Kunststoffen sind hochfeste und hochsteife Fasern zur Verstärkung in eine isotrope Kunststoff-Matrix eingebettet. In Bild 6.7 b ist ein Mehrschichtenverbund (Laminat) skizziert, der aus Einzelschichten mit jeweils unidirektionaler Verstärkung durch Fasern besteht. Eine Einzelschicht kann nicht nur mit unidirektionalen Fasern, sondern auch mit Geweben, Gelegen oder Matten verstärkt werden. Die anisotropen Eigenschaften des Mehrschichtverbundes ergeben sich prinzipiell aus dem mechanischen Zusammenwirken von Fasern und Matrix und weiter aus den miteinander verklebten Einzelschichten. Zur Verbesserung der Haftung zwischen Matrix und Fasern dient eine Schlichte, die wie eine Klebung fungiert. Die Matrix übernimmt dabei eine krafteinleitende, kraftübertragende und die Fasern schützende Funktion. Faserverbund-Kunststoffe werden unter Berücksichtigung folgender Variablen in der Konstruktion eingesetzt [143, 145]:

- Anzahl der Schichten

- Anteile von Fasern und Matrix innerhalb einer Schicht

- Faserrichtung der einzelnen Schichten

- Dicken der Einzelschichten

- Schichtenreihenfolge

Klebverbunde In einem Verbundsystem haben Klebschichten die Aufgabe, die über die Fügeteile einwirkenden Kräfte zu übertragen (s. Bild 6.7 a). Fehlstellen in der Klebschicht führen zur Querschnittsminderung und damit zur Reduzierung der Festigkeit. Neben der Festigkeit der Klebschicht trägt deren Deformationsverhalten wesentlich zur Gesamtfestigkeit des Klebverbundes bei. So kann eine Klebschicht durch elastisch-plastische Verformung Spannungsspitzen abbauen, womit die lastübertragende Klebfläche und damit die Festigkeit der Klebung erhöht wird. Neben den werkstofflichen Eigenschaften haben

- die Dicke der Klebschicht und

- die Klebfläche

einen bedeutenden Einfluss auf die Beständigkeit der Klebverbindung [146, 147].

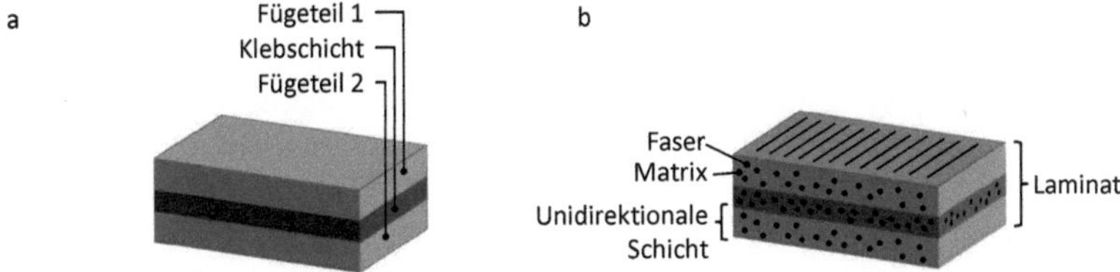

Bild 6.7: Materialmodell von Mehrschichtverbunden. - a) Klebverbund [147]; b) Faser-Kunststoff-Verbund [148].

Lasergesinterte Schichtverbunde Auf der Basis der mikroskopischen Betrachtungen des vorherigen Abschnitts und der Modelle von heterogenen Werkstoffsystemen lässt sich eine Materialvorstellung des lasergesinterten Schichtverbundes ableiten. So wird in Anlehnung an das Prinzip der additiven Herstellung zwischen Volumenelementen und den Übergangsbereichen unterschieden, die als Grenzschichten bezeichnet werden. Eine Grenzschicht verbindet Volumenelemente in Baufortschrittsrichtung z und entsteht im Lasersinterprozess dadurch, dass bereits gefertigte Volumenelemente zum Teil wiederholt belichtet und geschmolzen werden (s. Bild 6.8 a). Die Schichtstärke h_S setzt sich aus der Phasenhöhe des Volumenelements h_{VE} und der Grenzschicht h_{GS} zusammen:

$$h_S = h_{VE} + h_{GS} \quad .$$

(6.1)

Die Dicke der Grenzschicht muss nach den Erkenntnissen zur Eindringtiefe des Laserstrahls (s. Abschnitt 3.1.1) proportional zur Volumenenergiedichte des Laserstrahls sein. Aufgrund der Doppelbelichtung wird vermutet, dass Grenzschichten eine ausgeprägte Festigkeit und Steifigkeit aufweisen. Beispielsweise wurde in Untersuchungen von Sauer [101] und Kaddar [149] die Belichtungshäufigkeit im Prozess mit der Reduzierung des Hatchabstandes sowie mit dem Doppelscanmodus gesteigert, was zu einer Verbesserung der mechanischen Eigenschaften führte. Im Gegensatz zu den oben skizzierten Werkstoffsystemen ist den lasergesinterten Schichtverbunden gemein, dass diese aus einem Material gleicher chemischer Zusammensetzung bestehen.

Mikro- und Makromechanik Die Homogenität eines Materials hängt vom Betrachtungswinkel ab. Beispielsweise kann sich ein Werkstoff mit mikroskopisch inhomogener Struktur in makroskopischen Prüfungen homogen verhalten [143]. Die Idealisierung von Werkstoffstrukturen in Form einer mikro- und makromechanischen Betrachtung wird für die Versagensanalyse von Faserverbund-Kunststoffen genutzt:

- Die Mikromechanik ist bestrebt, das Wirkprinzip des Materialverbundes zu verstehen. Nach einer mikromechanischen Analyse können die Eigenschaften des Verbundwerkstoffs, in der Regel einer Schicht, aus den Eigenschaften der Einzelkomponenten ermittelt werden.

- In der Makromechanik hingegen wird eine UD-Schicht als kleinste Einheit definiert, genauer als quasihomogenes Kontinuum, und dessen Gesamtverformung ermittelt. Die Spannungsverteilung innerhalb einer Schicht bleibt dabei unberücksichtigt. Die mechanische Analyse entsprechend der Makromechanik berechnet die Verformung des Laminats oder der Einzelschichten unter Vorgabe der äußeren Belastungen [143–145].

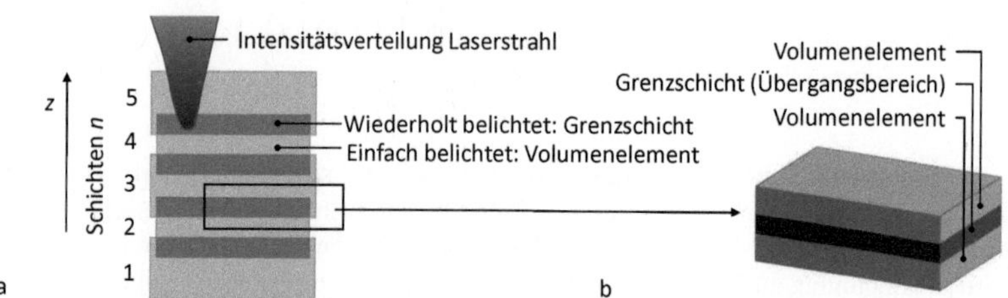

Bild 6.8: Definition des lasergesinterten Schichtverbundes. - a) Technologische Abgrenzung von Volumenelementen und Grenzschichten; b) Materialmodell der lasergesinterten Schichtstruktur.

Die in den nächsten Kapiteln folgende Strukturanalyse des lasergesinterten Schichtverbundes orientiert sich an der Systematik der Mikro- und Makromechanik. Im Rahmen der Makromechanik werden Volumenelemente und Grenzschichten als homogen angenommen. Fehlstellen und Ansammlungen von Füllstoffen sind gleichmäßig in den einzelnen Volumenelementen und Grenzschichten verteilt. Die Bruchanalyse erfordert hingegen den mikromechanischen Ansatz und damit den Einbezug der Heterogenität von Grenzschichten und Volumenelementen. Schließlich ist es Aufgabe der Strukturanalyse, das definierte Materialmodell des lasergesinterten Schichtverbundes zu überprüfen und das Wirkprinzip von Volumenelementen und Grenzschichten zu klären.

6.3 Ableitung von Kenngrößen für lasergesinterte Schichtverbunde

Die hohe Reproduzierbarkeit der mechanischen Eigenschaften bei konstanter Schichtstruktur, wie sie in Abschnitt 6.1 aufgezeigt worden ist, deutet auf ein spezifisches Wirkprinzip des lasergesinterten Schichtverbundes hin. Der Blick auf Verbundsysteme mit Schichtstruktur zeigt, dass dort bereits Gesetzmäßigkeiten entwickelt wurden, die das anisotrope Verformungsverhalten von Bauteilen beschreiben und damit eine gezielte Verwendung dieser Werkstoffsysteme ermöglichen. Die Werkstoffreaktion hängt dabei zum einen von der Interaktion der Einzelkomponenten, zum anderen von bestimmten Variablen des Verbundsystems ab, die über den Charakter der Einzelkomponenten selbst bestimmt werden.

6.3.1 Verformung von Faserverbund-Kunststoffen

Die Beschreibung des Deformationsverhaltens beispielsweise einer unidirektionalen Schicht von faserverstärkten Kunststoffen bei Längs- und Querbelastung basiert auf Modellen und daraus abgeleiteten Gleichungen und Kennwerten. Die Gleichungssysteme werden in folgenden Schritten mit Hilfe der Elastizitätstheorie aufgestellt [143,145]: Bildung eines repräsentativen Modells, Aufstellung des Kräftegleichgewichts und der Geometriebeziehung, Anwendung von einachsigen Stoffgesetzen (nur bei vernachlässigbaren Querkontraktionszahlen), Berücksichtigung des Faservolumenanteils.

Parallel- und Reihenschaltung von Komponenten

Parallelschaltung bei Längsbelastung des lasergesinterten Schichtverbundes
Werden lasergesinterte Schichtverbunde derart belastet, dass Volumenelemente und Grenzschichten analog den Komponenten des Faserverbund-Kunststoffs parallel geschaltet werden (s. Bild 6.9 a), so erfolgt der Kraftfluss durch Volumenelemente und Grenzschichten parallel, wie in Bild 6.9 b mit ($F_\parallel$) skizziert. Entsprechend den Gesetzmäßigkeiten der Faserverbundwerkstoffe [38, 143, 145] wurden folgende Zusammenhänge abgeleitet. Das Modell basiert zunächst auf einer Addition der Kräfte sowie der Beanspruchungen von Volumenelementen und Grenzschichten:

$$F_\parallel = F_{\mathrm{GS}} + F_{\mathrm{VE}} \quad \text{und} \tag{6.2}$$

$$\sigma_\parallel \cdot A_{\mathrm{SV}} = \sigma_{\mathrm{GS}} \cdot A_{\mathrm{GS}} + \sigma_{\mathrm{VE}} \cdot A_{\mathrm{VE}} \quad , \tag{6.3}$$

mit $A_{\mathrm{SV}} = A_{\mathrm{GS}} + A_{\mathrm{VE}}$ aus A_{GS} = Querschnittsfläche der Grenzschichten und A_{VE} = Querschnittsfläche der Volumenelemente. Grenzschichten und Volumenelemente dehnen sich bei einer Parallelschaltung gleich lang:

$$\frac{\Delta l_\parallel}{l_0} = \varepsilon_\parallel = \varepsilon_{\mathrm{GS}} = \varepsilon_{\mathrm{VE}} \quad . \tag{6.4}$$

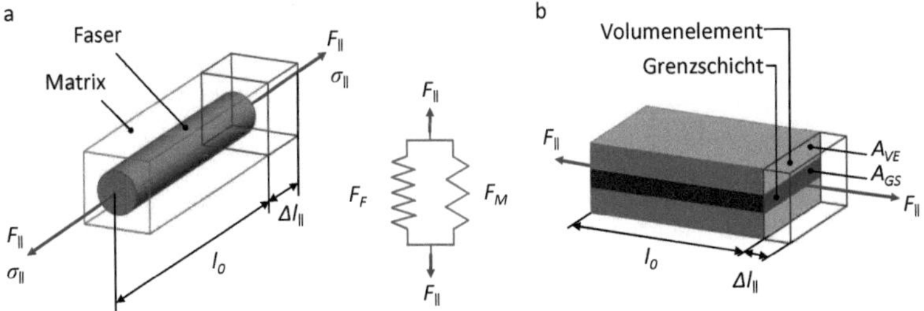

Bild 6.9: Parallelschaltung von Komponenten. - a) Faserverbund-Kunststoff [143, 145]; b) Transfer: Lasergesinterter Schichtverbund.

Mit Verwendung der Stoffgesetze $\sigma_F = E_{\mathrm{GS}} \cdot \varepsilon_{\mathrm{GS}}$ und $\sigma_{\mathrm{VE}} = E_{\mathrm{VE}} \cdot \varepsilon_{\mathrm{VE}}$ und der Annahme gleicher Querkontraktionszahlen von Volumenelementen und Grenzschichten aufgrund der geringen Schichtstärken ergeben sich folgende Zusammenhänge:

$$E_{\|} \cdot \varepsilon_{\|} \cdot A_{\mathrm{SV}} = (E_{\mathrm{GS}} A_{\mathrm{GS}} + E_{\mathrm{VE}} A_{\mathrm{VE}}) \cdot \varepsilon_{\|} \quad , \tag{6.5}$$

$$E_{\|} = E_{\mathrm{VE}} \cdot \frac{A_{\mathrm{VE}}}{A_{\mathrm{SV}}} + E_{\mathrm{GS}} \cdot \frac{A_{\mathrm{GS}}}{A_{\mathrm{SV}}} \quad . \tag{6.6}$$

Die Parallelschaltung von Grenzschichten und Volumenelementen findet beispielsweise bei der Zugbeanspruchung der lasergesinterten Schichtstrukturen y0, y90 und y45 (s. Abschnitt 6.1) statt: Volumenelemente und Grenzschichten dehnen sich um den gleichen Betrag $\varepsilon_{\mathrm{VE}} = \varepsilon_{\mathrm{GS}}$.

Wie Gl. 6.6 andeutet, hängt die Steifigkeit des Schichtverbundes von den mit ihrem jeweiligen Flächenanteil gewichteten Steifigkeiten der Volumenelemente und Grenzschichten ab. Die Querkontraktion von Volumenelementen und Grenzschichten werden als vernachlässigbar angenommen. Als ein bedeutender Parameter wird somit der relative Anteil der Grenzschichten φ und der Volumenelemente $1 - \varphi$ am Gesamtvolumen des Schichtverbundes V_{SV} vermutet:

$$\varphi = \frac{A_{\mathrm{GS}}}{A_{\mathrm{SV}}} = \frac{V_{\mathrm{GS}}}{V_{\mathrm{SV}}} = \frac{l_{\mathrm{GS}}}{l_{\mathrm{SV}}} \quad . \tag{6.7}$$

Reihenschaltung bei der Querbelastung von lasergesinterten Schichtverbunden
Wird der lasergesinterte Schichtverbund in seiner Baufortschrittsrichtung z, also *quer* zur Schichtungsrichtung, belastet, so wirkt auf die Grenzschichten und Volumenelemente der gleiche Kraftbetrag $F_{\perp}$ ein (s. Bild 6.10 b). Analog den Gleichungssystemen der Reihenschaltung von Fasern und Matrix [38, 143, 145] gelten die Beziehungen:

$$F_{\perp} = F_{\mathrm{VE}} = F_{\mathrm{GS}} \quad \text{und} \tag{6.8}$$

$$\sigma_{\perp} = \sigma_{\mathrm{VE}} = \sigma_{\mathrm{GS}} \quad , \tag{6.9}$$

bei gleicher Querschnittsfläche. Die Längung des Schichtverbundes Δl_{SV} setzt sich aus den Verlängerungen der Volumenelemente Δl_{VE} und Grenzschichten Δl_{GS} zusammen:

$$\Delta l_{\perp} = \Delta l_{\mathrm{VE}} + \Delta l_{\mathrm{GS}} \quad . \tag{6.10}$$

Mit $\Delta l_{\mathrm{VE}} = \varepsilon_{\mathrm{VE}} \cdot l_{\mathrm{VE}}$, $\Delta l_{\mathrm{GS}} = \varepsilon_{\mathrm{GS}} \cdot l_{\mathrm{GS}}$ und $l_0 = $ Ausgangslänge des Verbundes ergeben sich folgende Gleichungen:

$$\varepsilon_{\perp} \cdot l_0 = \varepsilon_{\mathrm{VE}} \cdot l_{\mathrm{VE}} + \varepsilon_{\mathrm{GS}} \cdot l_{\mathrm{GS}} \quad , \tag{6.11}$$

$$\varepsilon_{\perp} = \varepsilon_{\mathrm{VE}} \cdot \frac{l_{\mathrm{VE}}}{l_0} + \varepsilon_{\mathrm{GS}} \cdot \frac{l_{\mathrm{GS}}}{l_0} \quad , \tag{6.12}$$

$$\varepsilon_{\perp} = \varepsilon_{\mathrm{VE}} \cdot (1 - \varphi) + \varepsilon_{\mathrm{GS}} \cdot \varphi \quad . \tag{6.13}$$

Der lasergesinterte Schichtverbund dehnt sich nach Gl. 6.6 und Gl. 6.13 zum einen in Abhängigkeit des Dehnungsvermögens von Volumenelementen und Grenz-

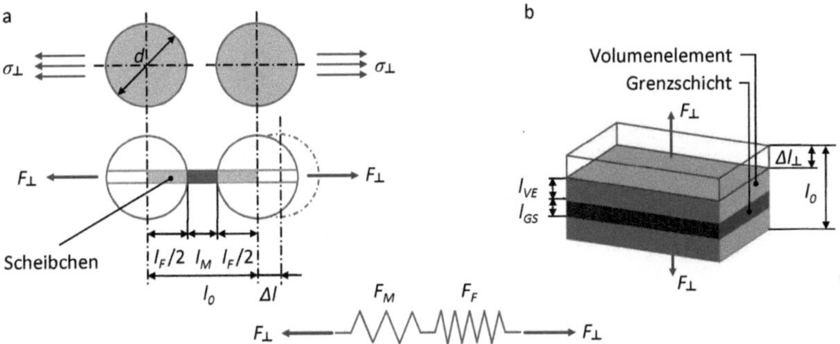

Bild 6.10: Reihenschaltung von Komponenten. - a) Faserverbund-Kunststoff [145]; b) Transfer: Lasergesinterter Schichtverbund.

schichten. Zum anderen wird die Dehnung des Schichtverbundes vom relativen Anteil der Grenzschichten am Gesamtvolumen beeinflusst. In Abschnitt 6.2.2 wurde angenommen, dass sich Volumenelemente und Grenzschichten unterschiedlich deformieren. Deshalb können in Anlehnung an die „Scheibchenbetrachtung" bei den Faserverbund-Kunststoffen [38, 143, 145] auch Dehnungsüberhöhungen im lasergesinterten Schichtverbund entstehen. Die äußere Dehnung eines „Scheibchens" von Faserverbund-Kunststoffen setzt sich aus den Dehnungsanteilen der Einzelkomponenten Faser und Matrix zusammen. Die Faser kann sich jedoch aufgrund der höheren Steifigkeit kaum dehnen, weshalb die gesamte Dehnung von der Matrix erfolgen muss. Es handelt sich hierbei um eine lokale Dehnung, die sehr viel größer ist als die äußere Dehnung und deshalb Dehnungsvergrößerung genannt wird. Infolge der Überlagerung von Dehnungsvergrößerungen und Spannungskonzentrationen, zeigen Faserverbund-Kunststoffe bei Belastung senkrecht zur Faserrichtung deutlich reduzierte mechanische Eigenschaften [145]. Insgesamt bleibt festzuhalten, dass der relative Anteil der Grenzschichten und das Deformationsvermögen der Volumenelemente und Grenzschichten zu untersuchende Variablen darstellen.

6.3.2 Grenzschichten bei Klebverbunden

Bei Faserverbund-Kunststoffen, beispielsweise, wird die verwendete Haftvermittler-Schlichte, die Faser und Matrix verklebt, als *Grenzschicht* und der Übergang von Faseroberfläche zur Kunststoffmatrix als *Grenzfläche* bezeichnet. Auch einzelne Schichten im Laminat werden über Klebschichten miteinander verbunden. In der Regel werden diese Klebschichten aufgrund der geringen Schichtstärke vernachlässigt [143]. Die Wirkmechanismen einer Klebverbindung beruhen auf Adhäsions- und Kohäsionskräften (s. Bild 6.11). Während die „innere" Festigkeit eines Materials auf Kohäsionskräfte zurückgeführt wird, bestimmen Adhäsionskräfte (Haftungskräfte) die Festigkeit zwischen unterschiedlichen Stoffen (s. Bild 6.11 a).

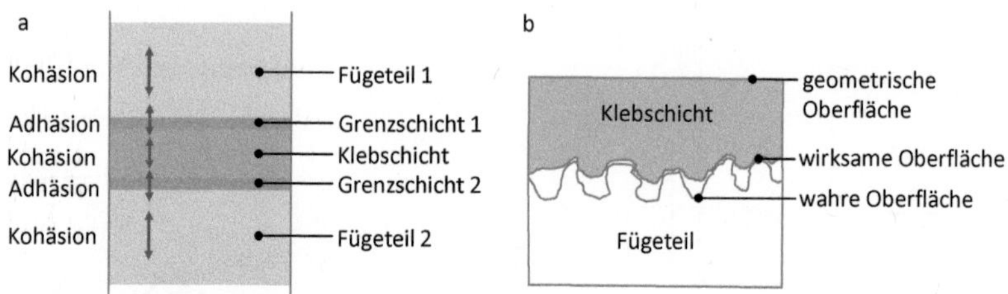

Bild 6.11: Kräfte und Oberflächenbezeichnungen einer Klebverbindung [143, 144]. - a) Aufbau einer Klebung; b) Definition der wirksamen Oberfläche.

Ausrichtung der Grenzschichtfläche

Die in einer Klebverbindung wirksamen Haftkräfte hängen wesentlich von der Geometrie der Grenzschichtfläche ab, die die spezifische und mechanische Adhäsion bestimmt: Während die *mechanische Adhäsion* für die formschlüssige Verbindung von Klebschicht und Fügeteil steht, beschreibt die *spezifische Adhäsion* zwischenmolekulare Bindungen auf Basis der van-der-Waals Kräfte. Aufgrund der geringen Reichweite der zwischenmolekularen Nebenvalenzkräfte kann der Klebstoff erst in entsprechender Nähe zur Oberfläche wirksam werden und Adhäsion hervorrufen.

Die Gestalt der Oberfläche als auch der Grad der Benetzung haben demzufolge einen entscheidenden Einfluss auf die Haftfestigkeit einer Klebung: Die wahre Oberfläche wird durch die Oberflächenrauigkeit des Fügeteils bestimmt. Hingegen beschreibt die *wirksame Oberfläche* die Grenzfläche Klebstoff/Fügeteil (s. Bild 6.11 b). Je größer die wirksame Oberfläche aufgrund der Benetzungsfähigkeit der Fügeteilflächen, desto mehr zwischenmolekulare Kräfte können sich ausbilden [143, 144, 147].

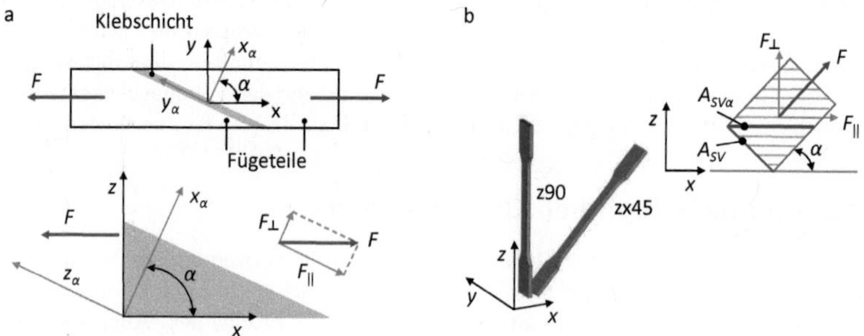

Bild 6.12: Spannungstransformation und -reduktion in Abhängigkeit der Orientierung der Bezugsebene. - a) Kraftzerlegung aufgrund der Schäftung einer Klebverbindung [143]; b) Transfer: Spannungsanalyse in der lasergesinterten Schichtstruktur zx45.

Beispielsweise lässt sich durch Schäftung einer Klebverbindung der Spannungszustand in der Klebung durch die geometrische Veränderung der Fügestelle optimieren. Zunächst bewirkt eine Schäftung von Fügeteilen die Vergrößerung der Klebschichtfläche, wodurch auch die Spannungen in der Klebung reduziert werden. Zudem erfolgt aufgrund geometrischer Gesetzmäßigkeiten eine Transformation der in der Klebschicht wirkenden Normalspannungen in Schubspannungen [143, 147]. Bild 6.12 a zeigt die Prinzipskizze einer Schäftung und die Kraftzerlegung am Schnitt der Klebschicht. Der Winkel α zeigt die Orientierung der Normalkraft $F_\perp$ der Klebschichtfläche (Schnittfläche) an. Die Normalkraft $F_\perp$ und die Tangentialkraft $F_\parallel$ der Klebschichtfläche ergeben sich aus der Zerlegung der wirkenden Kraft F:

$$F_\perp = F \cdot \cos\alpha \quad , \tag{6.14}$$

$$F_\parallel = F \cdot \sin\alpha \quad . \tag{6.15}$$

Mit der Schnittfläche A_α können die Normalspannung und Schubspannung in der Klebschicht ermittelt werden:

$$\sigma_\alpha = \frac{F_\perp}{A_\alpha} \quad , \tag{6.16}$$

$$\tau_\alpha = \frac{F_\parallel}{A_\alpha} \quad . \tag{6.17}$$

Eine analoge Spannungsanalyse bei lasergesinterten Schichtverbunden zeigt, dass sich mit entsprechender Orientierung der Bauteilgeometrie die Größe und Ausrichtung der Grenzschichtflächen sowie die mechanische Beanspruchung verändern. Mit

$$A_{SV\alpha} = \frac{A_{SV}}{\cos\alpha} \tag{6.18}$$

gilt für die bei Zugbeanspruchung wirksamen Normalspannungen:

$$\sigma = \frac{F_\perp}{A_{SV\alpha}} = \frac{F \cdot (\cos\alpha)^2}{A_{SV}} \quad . \tag{6.19}$$

Schubverformung bei Klebverbunden

Um gezielt die mechanischen Eigenschaften einer Grenzschicht untersuchen zu können, werden in der Kleb- und Faserverbundtechnik häufig Schubspannungen in den Werkstoffverbund eingebracht: Erstens wird das Schubspannungs-Gleitungs-Verhalten von Klebungen (s. Bild 6.13 b) durch die Bruchgleitung $\tan\gamma$ und die Verschiebung d charakterisiert [147]. Das Deformationsvermögen von Klebschichten ist dabei bedeutend (s. Abschnitt 6.2), da durch den Ausgleich von Spannungsspitzen der Anteil der lastübertragenden Klebfläche vergrößert wird. Zweitens dienen die im Kurzbalkenbiegeversuch [150] entstehenden Scherkräfte dazu, die Haftfestigkeit von Laminatschichten bei Faserverbunden, genauer in Form der interlaminaren Scherfestigkeit zu ermitteln.

Bei Klebverbunden gilt generell, dass die gleiche mechanische Beanspruchung bei dickeren Klebschichten eine geringere Gleitung und eine geringere Festigkeit des Kleb-

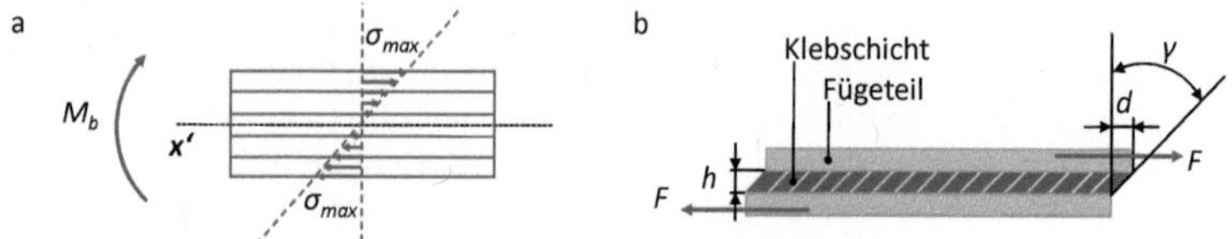

Bild 6.13: Biege- und Schubbeanspruchung. - a) Spannungsverteilung in geschichteten
Materialien bei Biegebeanspruchung [151]; b) Verschiebung der Grenzschicht
bei Schubbeanspruchung von Klebverbunden [147].

verbundes bewirkt. Die Gründe dafür werden in der Zunahme des Biegemoments und
der wirkenden Spannungen an den Überlappungsenden, im Ausmaß der Querkontraktion und im Auftreten von zusätzlichen Inhomogenitäten gesehen [146, 147]. Darüber
hinaus bestimmen die fertigungsabhängigen Verformungseigenschaften und die spezifische Verteilung der Strukturebenen des Klebstoffs in der Grenzzone die mechanischen
Eigenschaften der Klebverbindung [146]. Werden lasergesinterte Schichtverbunde
im Kurzbalkenbiegeversuch ähnlich der Scherfestigkeits-Prüfung von Faserverbund-
Kunststoffen untersucht, so sollte die Verformung des lasergesinterten Schichtverbundes grundsätzlich vom charakteristischen Deformationsvermögen aber auch von der
Dicke und damit der Anzahl sowie der Verteilung von Grenzschichten im betrachteten
Volumen (s. Bild 6.13 a) abhängen.

6.3.3 Ermüdung homogener und heterogener Kunststoffe

Da die folgenden Untersuchungen das Dehnungsverhalten über eine dynamische
Langzeitbelastung beobachten, sollen an dieser Stelle werkstoffkundliche Zusammenhänge beschrieben werden, die zur Ermüdung von polymeren Werkstoffen führen.
Wie bereits bei der Definition des Materialmodells in Abschnitt 6.2 erwähnt wurde,
handelt es sich bei den lasergesinterten Schichtstrukturen der vorliegenden Arbeit
einerseits um mehrphasige Werkstoffsysteme, die andererseits einheitlich aus PA 12
bestehen. Deshalb wird im Vorfeld die für homogene Kunststoffe relevante Theorie der
Viskoelastizität und die Werkstoffdämpfung, als Maß für Schädigungen im Inneren
von heterogenen Werkstoffen beschrieben.

Theorie der Viskoelastizität

Werkstoffe verhalten sich viskoelastisch wenn sie auf Belastungen nicht sofort, sondern zeitverzögert reagieren. Die zeitverzögerte Verformung resultiert dabei aus
der additiven Überlagerung eines elastischen ε_{el}, viskoelastischen ε_{ve} und viskosen
Anteils ε_v [35, 38, 152, 153]. Kunststoffe gelten grundsätzlich als viskoelastische Werkstoffe. Mit Hilfe des Vier-Parameter-Modells kann beispielsweise die zeitabhängige
Verformung im Fall des Kriechens bei konstant einwirkender Spannung erklärt werden
(s. Bild 6.14) [154]. Federn und Dämpfer werden dabei systematisch hintereinander
und parallel geschaltet werden. Die Federn symbolisieren ideal elastische Elemente,
deren Verhalten dem Hooke'schen Gesetz entspricht. Hingegen entsprechen Dämpfer

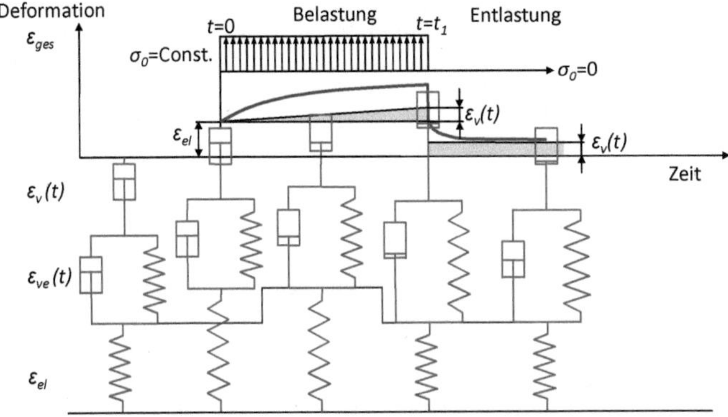

Bild 6.14: Viskoelastizität: (Zeitabhängige) Deformationsanteile bei statischer Belastung (Kriechen) [154].

ideal viskosen Elementen nach dem Newton'schen Gesetz des zähen Fließens. Unter Einwirkung einer konstanten Spannung stellt sich zunächst eine spontane elastische Verformung ε_{el} ein. Diese bleibt während der Belastungsdauer konstant und wird durch eine Feder dargestellt. Im Laufe des Kriechprozesses steigen der viskose ε_v und viskoelastische ε_{ve} Anteil an. Der elastische Verformungsanteil geht nach Entlastung sofort, der viskoelastische zeitabhängig verzögert zurück. Die viskose Dehnung ε_v ist nicht reversibel und kann nach der Modellvorstellung (s. Bild 6.14) aus der Entlastungskurve der Kriechfunktion entnommen werden [154]. Molekulare Verformungsmechanismen werden als Ursache der zeitverzögerten Verformung gesehen. So beruht die schnelle Reaktion des Kunststoffs nach Belastung hauptsächlich auf der Dehnung des amorphen Bereichs (elastischer Anteil). Erst allmählich werden die teilkristallinen Bereiche in Verformungsrichtung orientiert, was sich im Kriechprozess widerspiegelt (viskoelastischer und viskoser Anteil). Je höher die Kristallinität von teilkristallinen Kunststoffen ist, desto geringer ist die Bereitschaft zum Kriechen bei statischer Belastung [155]. Lasergesintertes PA 12 weist gegenüber einer spritzgegossenen Variante einen größeren kristallinen Gefügeanteil auf [90].

Charakterisierung der Werkstoffdämpfung

Wird ein viskoelastischer Werkstoff dynamisch beansprucht, so reagiert die Verformung zeitlich versetzt auf die einwirkenden Kräfte und hervorgerufenen Spannungen. Es bildet sich eine Phasenverschiebung aus, die die Werkstoffdämpfung kennzeichnet. Die Irreversibilität der viskosen Verformung deutet an, dass Arbeit zur Verschiebung von molekularen Strukturen aufgenommen und dissipiert wurde. Bei Faserverbund-Kunststoffen beispielsweise tritt zusätzlich zu den viskoelastischen Eigenschaften der Polymermatrix Grenzflächenreibung zwischen den Einzelkomponenten auf. Mikrorisse und andere Unregelmäßigkeiten verstärken den Einfluss der Grenzflächenreibung.

Die Werkstoffdämpfung lässt sich in diesem Fall ähnlich bei überproportionalen Verformungen aufgrund hoher Belastung weniger durch die Phasenverschiebung, sondern vielmehr durch das Verhältnis von Verlustarbeit W_V zur Speicherarbeit W_S bestimmen [145,153].

$$\Lambda = \frac{W_V}{W_S} \quad . \tag{6.20}$$

Verlust- und Speicherarbeit können wie folgt unterschieden werden [145,153]:

- Verlustarbeit W_V: Die Verlustarbeit beschreibt den Energieverbrauch (irreversibel) im Rahmen der Ermüdung, aufgrund von Deformation, Gefügeumwandlung, Rissbildung, Bruchvorgängen und Reibungswärme.

- Speicherarbeit W_S: Die Speicherarbeit entspricht dem Energiebetrag, der bei der elastischen Verformung des Werkstoffs bei Ermüdung gespeichert wird.

Die Anteile von Speicher- und Verlustarbeit verändern sich mit fortschreitender dynamischer Beanspruchung. Die Werkstoffdämpfung kann hierbei als ein Kennwert verwendet werden, der die Werkstoffschädigung während der Ermüdung quantifiziert.

6.4 Wirksamkeit der Schaltung von Volumenelementen

Die in Abschnitt 6.3.1 dargestellten Theorien zur Verformung von heterogenen Werkstoffen beschreiben das mechanische Zusammenwirken der Phasen von Volumenelementen und Grenzschichten in Abhängigkeit ihrer Schaltung. Ob Volumenelemente und Grenzschichten von lasergesinterten Kunststoffen parallel oder in Reihe geschaltet werden, wird von der Orientierung der Bauteilgeometrie im Fertigungsprozess und der Belastungsrichtung des Bauteils bestimmt. Erfolgt die Beanspruchung *quer* (Schichtstruktur z90, s. Bild 6.1) oder *längs* (Schichtstruktur y0, s. Bild 6.1) zu den Volumenelementen und Grenzschichten, so sollten folgende Werkstoffreaktionen erkennbar sein, wenn das definierte Modell (s. Abschnitt 6.2) des lasergesinterten Schichtverbundes im Ansatz zutreffend ist:

Hypothese Dehnung infolge der Phasenschaltung: Der lasergesinterte Schichtverbund dehnt sich geringer bei Längs- als bei Querbelastung ($\varepsilon_\perp > \varepsilon_\parallel$), vorausgesetzt es liegen gleiche Spannungen an. Nach Gl. 6.13 ergibt sich die Dehnung des Schichtverbundes bei Querbeanspruchung durch Addition der nominellen Dehnungen, wohingegen bei Längsbeanspruchung die Dehnung des Schichtverbundes der Dehnung der Volumenelemente oder der Grenzschichten entspricht (Gl. 6.4).

Hypothese Höhe der Schwingspielzahl: Aufgrund des unterschiedlichen Deformationsvermögens von Grenzschichten und Volumenelementen kommt es bei einer Reihenschaltung zu lokalen Dehnungsüberhöhungen und damit zu einem verfrühten Versagen der lasergesinterten Proben.

Hypothese Dehnung infolge des relativen Volumenanteils der Grenzschichten: Wird die Schichtstärke h_S um 50 % erhöht und die Volumenenergiedichte des Laserstrahls konstant gehalten, so sollte sich das Dehnungsvermögen der lasergesinterten Schichtverbunde nicht ändern. Zwar erhöht sich die Dicke der Volumenelemente und Grenzschichten, der relative Volumenanteil der jeweiligen Phase bleibt jedoch konstant.

In den folgenden Laststeigerungsversuchen wurden lasergesinterte Probekörper in und quer zur Schichtungsrichtung auf Zug beansprucht, wodurch die Reihen- oder Parallelschaltung der Volumenelemente und Grenzschichten bestimmt wurde (s. Bild 6.9, Bild 6.10). Die Zugproben wurden auf verschiedenen Lasersinteranlagen mit der Ausrichtung z90 und y0 gefertigt, wie in Bild 6.1 illustriert. In Abhängigkeit der verwendeten Lasersinteranlage betrug die Schichtstärke h_S entweder 0,1 mm oder 0,15 mm bei konstanter Volumenenergiedichte E_V (Prozess: $E_{V,S1}$ nach Tabelle 4.1, $E_{V,S2}$ nach Tabelle 4.2; Materialtyp: PrimePart). Bild 6.15 a zeigt eine Prinzipskizze der verschiedenen Schichtstrukturen und Phasenschaltungen.

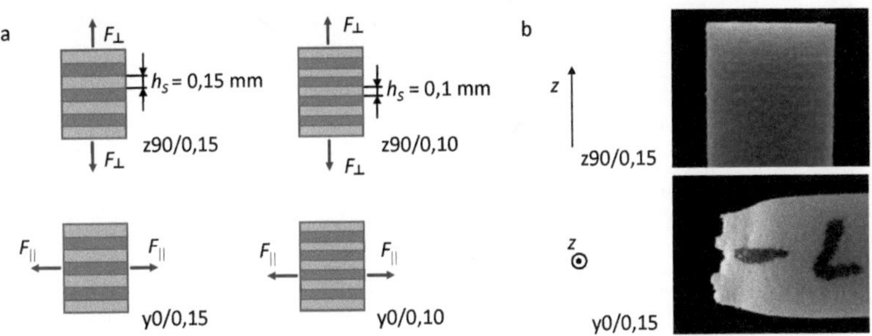

Bild 6.15: Reihen- und Parallelschaltung von Volumenelementen und Grenzschichten. - a) Skizze der auf Zug beanspruchten Schichtstrukturen; b) Bruchbilder von lasergesinterten Probekörpern.

Die Dehnungsantwort der lasergesinterten Schichtverbunde in Abhängigkeit der Schwingspiele geht aus Bild 6.16 hervor. Prüfbedingungen sowie Details zum aufgezeichneten Dehnungsverhalten sind in Abschnitt 2.2 und in Abschnitt 4.2 enthalten. Prinzipiell wurden für die Darstellung die Mittelwerte der nominellen Dehnungen von maximal drei Proben verwendet (Einzelwerte s. Bild A.10 bis Bild A.13). Was die Gegenüberstellung des Verformungsvermögens betrifft, so fällt zunächst auf, dass das Versagen des Schichtverbundes bereits bei Schwingspielzahlen von 130 000 bis 140 000 eintritt, wenn der Schichtverbund in seiner Schichtungsrichtung (z90/0,15 und z90/0,10) beansprucht wird. Die Gesamt-Dehnung $\varepsilon_\perp$ der in Schichtrichtung belasteten Verbunde z90/0,15 und z90/0,10 steigt dabei mit zunehmender Laststufe schneller an, verglichen mit der Dehnungszunahme $\varepsilon_\parallel$ der quer zur Schichtungsrichtung belasteten Proben y0/0,15 und y0/0,10. Zudem konnte bei paralleler Beanspruchung der y0/0,15- und y0/0,10-Schichtstrukturen kein Versagen bis zu einer definierten Schwingspielzahl von maximal 244 000 festgestellt werden. Die Dehnungsantworten

der Proben y0/0,15 und y0/0,10 unterscheiden sich nach Bild 6.16 kaum. Bild 6.15 b
zeigt Brüche der senkrecht und parallel zu den Schichten belasteten Proben z90/0,15
und y0/0,15. Im Gegensatz zur y0/0,15-Schichtstruktur zeigt die Zugprobe mit einer
z90/0,15-Schichtstruktur keine wesentliche Verformung des beanspruchten Quer-
schnitts. Die Proben in Bild 6.15 b versagten im Rahmen von Einstufenversuchen,
die in Abschnitt 6.5 näher betrachtet werden.

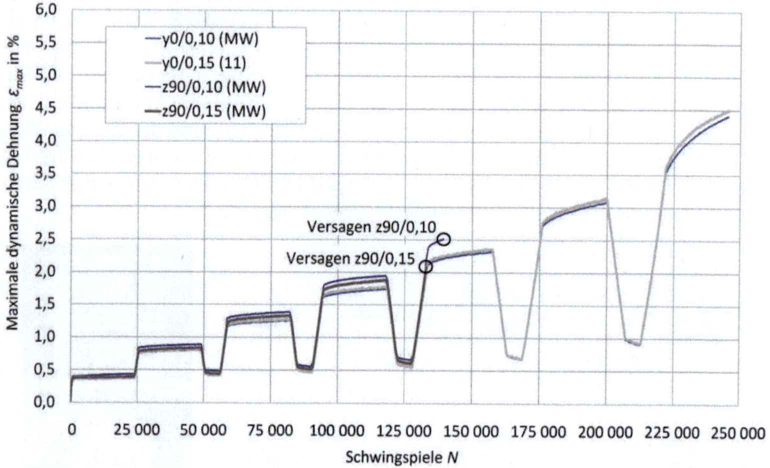

Bild 6.16: Maximale dynamische Dehnung ε_{max} in Abhängigkeit der Schwingspielzahlen des Laststeigerungsverfahrens: Verformungsverhalten bei dynamischer
Zugbeanspruchung nach der Parallel- und Reihenschaltung (z90 und y0).

Auf Basis dieser Ergebnisse lässt sich Folgendes zu den eingangs diskutierten
Parametern festhalten: Die in Schichtungsrichtung beanspruchten Probekörper der
Schichtstruktur z90/0,10 und z90/0,15 reagierten bei gleicher Laststufe mit einer
höheren Dehnungsantwort $\varepsilon_\perp$ gegenüber den quer zur Schichtrichtung belasteten Probekörpern der Schichtstruktur y0/0,10 und y0/0,15. Darüber hinaus zeigt sich, dass
wie erwartet, die z90-Schichtstrukturen früher als die y0-Schichtstrukturen versagen.
Nach der Theorie der lokalen Dehnungsvergrößerung bei Faserverbund-Kunststoffen
muss sich damit das Dehnungsvermögen von Volumenelementen und Grenzschichten unterscheiden. Das mechanische Zusammenwirken von Volumenelementen und
Grenzschichten kann offensichtlich mit der Reihen- und Parallelschaltung beschrieben
werden. Wie zu Beginn vermutet, zeigten die Schichtstrukturen z90/0,15 und y0/0,15,
die mit erhöhter Schichtstärke aber konstant gehaltener Volumenenergiedichte des
Laserstrahls hergestellt wurden, ein vergleichbares Deformationsvermögen in den
Laststeigerungsversuchen. Neben der Schaltung von Volumenelementen und Grenzschichten sollte demnach auch der relative Volumenanteil der Grenzschichten φ am
Gesamtvolumen des Schichtverbundes beachtet werden.

6.5 Wirksamkeit der Grenzschichten

Entsprechend dem Wirkprinzip einer Klebung und der im vorherigen Abschnitt untersuchten Reihen-/Parallelschaltung, scheinen die Eigenschaften der Grenzschichten wesentlich zum Verhalten des lasergesinterten Schichtverbundes beizutragen. Neben den in Abschnitt 6.3.1 abgeleiteten Variablen *Fläche* und *relativer Volumenanteil* soll im Folgenden auch die *Verteilung von Grenzschichten* im Gesamtverbund betrachtet werden.

6.5.1 Fläche der Grenzschichten

Die Wirksamkeit der Grenzschichtflächen bei Reihenschaltung im lasergesinterten Schichtverbund zeigt sich folgendermaßen:

Hypothese Durch die Bauteilausrichtung im Fertigungsprozess lässt sich die Gesamt-Grenzschichtfläche vergrößern. Zusätzlich werden dabei die bei Zugbeanspruchung entstehenden Normalspannungen in Schubspannungen transformiert. Aufgrund der reduzierten Normalspannungen erhöht sich die Ermüdungsfestigkeit und damit die Bruchschwingspielzahl der lasergesinterten Schichtstrukturen.

Was die 45° orientierte Zugprobe der Schichtstruktur zx45 (s. Bild 6.1 und Bild 6.12 b) betrifft, so sollte sich nach Gl. 6.19 die in der Grenzschicht wirkende Normalspannung bei Zugbeanspruchung auf die Hälfte ihres ursprünglichen Wertes reduzieren:

$$\sigma = \frac{F \cdot (\cos 45°)^2}{A_{SV}} = \frac{1}{2} \cdot \frac{F}{A_{SV}} \quad . \tag{6.21}$$

Für die Untersuchung des Deformationsverhaltens im Laststeigerungsverfahren werden lasergesinterte Zugproben der Schichtstruktur z45/0,15 additiv mit der Schichtstärke $h_S = 0{,}15$ mm hergestellt (Prozess: Volumenenergiedichte $E_{V,S1}$ nach Tabelle 4.1; Materialtyp: PrimePart).

Die Dehnungsantwort der zx45/0,15-Schichtstrukturen im Laststeigerungsverfahren zeigt Bild 6.17. Trotz der in Reihe geschalteten Volumenelemente der Schichtstruktur zx45/0,15 versagen die Zugproben in den Laststeigerungsversuchen nicht bis zu einer maximalen Schwingspielzahl von etwa 240 000, die im Vorfeld der Untersuchung festgelegt wurde. Die 90° orientierten Zugproben der Schichtstruktur z90/0,15 hingegen erreichen bereits mit 130 000 Schwingspielen die Bruchschwingspielzahl. Wie sich später im Einstufenversuch herausstellen wird (s. Bild 6.21), versagen die zx45/0,15-Zugproben im Schwingspielzahlbereich > 240 000 bei deutlich höheren Schwingspielzahlen als Zugproben mit einer z90/0,15-Schichtstruktur. Was die nominelle Dehnung der lasergesinterten Zugproben betrifft (s. Bild 6.17), so lassen die im Laststeigerungversuch gemessenen und gemittelten Werte in Bezug auf die ersten drei Laststufen keine Unterschiede in der Werkstoffreaktion der z90- und zx45-Schichtstrukturen erkennen. Durch die Vergrößerung der wirksamen Grenzschichtfläche kann insgesamt die Ermüdungsfestigkeit und Lebensdauer von auf Zug beanspruchten lasergesinterten Kunststoffproben erhöht werden.

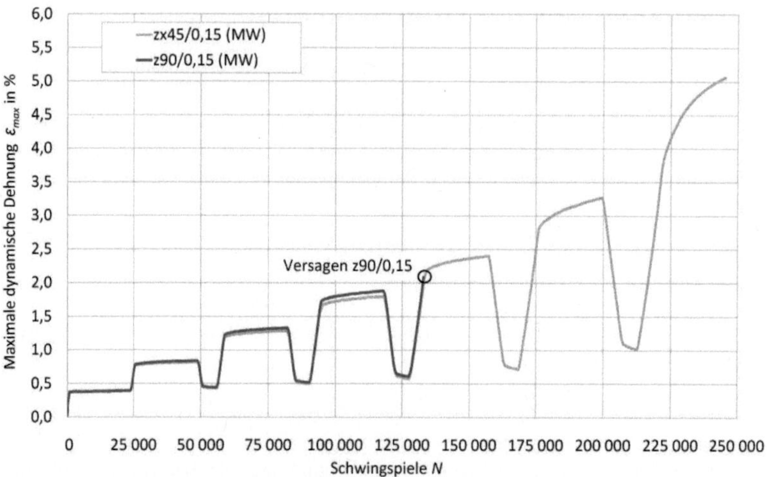

Bild 6.17: Maximale dynamische Dehnung ε_{max} von lasergesinterten Zugproben (z90/0,15, zx45/0,15) in Abhängigkeit der Schwingspiele im Laststeigerungsverfahren: Wirksamkeit der Größe der Grenzschichtfläche.

6.5.2 Relativer Volumenanteil von Grenzschichten

Wie in Abschnitt 6.2 bemerkt worden ist, handelt es sich bei den Schichtübergängen lasergesinterter Kunststoffe um wiederholt aufgeschmolzene Bereiche. Kaddar [149] zeigte, dass die mechanischen Kennwerte im Kurzzeit-Zugversuch wie beispielsweise Zugfestigkeit und Elastizitätsmodul um etwa 13 % erhöht werden, wenn die Fill-Laserbelichtung der Volumenelemente doppelt erfolgt. Somit wird der relative Volumenanteil der Grenzschichten φ im Hinblick auf die Beeinflussbarkeit des Verformungsverhaltens nach Gl. 6.6 und Gl. 6.13 relevant. Das Ziel des folgenden Abschnitts besteht darin, die Wirksamkeit des relativen Volumenanteils der Grenzschichten φ an den Schichtstrukturen y0, y45 und y90 (s. Bild 6.1) zu untersuchen.

Trotz der horizontalen Ausrichtung der Zugproben mit einer y0-, y45-, y90-Schichtstruktur im Fertigungsprozess und damit der Parallel-Schaltung von Volumenelementen und Grenzschichten bei Zugbeanspruchung zeigten die Schichtverbunde im Kurzzeit-Zugversuch in Abschnitt 6.1 signifikant unterschiedliche Eigenschaften hinsichtlich Bruchdehnung und Elastizität. Bei näherer Betrachtung konnte festgestellt werden, dass sich die Zugproben der y45-Schichtstruktur mit der höchsten Bruchdehnung, dem geringsten E-Modul im Kurzzeit-Zugversuch (s. Bild 6.2) als auch mit dem größten relativen Grenzschicht-Volumenanteil auszeichneten (s. Tabelle 6.1).

Der relative Volumenanteil der Grenzschichten basiert dabei auf folgendem Zusammenhang: Die Aufteilung der Querschnittsfläche A_{SV} erfolgt durch die Definition der Volumenelemente während der Zerlegung des CAD-Modells in Schichten („Slicen"). Wie bereits in Abschnitt 4.1.1 bemerkt wurde, beeinflusst dabei die

z-Koordinate der Bauteilposition im Fertigungsprozess die konkrete Zahl der Volumenelemente. Zudem verändert sich die Zusammensetzung der Querschnittsfläche A_{SV} hinsichtlich der Flächenanteile der Volumenelemente A_{VE} und Grenzschichten A_{GS} (s. Bild 6.18) in Abhängigkeit der Orientierung. Die Schichtstrukturen y0, y45 und y90, die mit einer Schichtstärke $h_S = 0{,}15$ mm gefertigt wurden, lassen sich demzufolge mit der Anzahl, der Breite der Querschnittsfläche und dem Volumen der Grenzschichten in einem spezifischen Gesamtvolumen ($l_{ges} = 80$ mm) des Schichtverbundes beschreiben (s. Tabelle 6.1). Was den Spannungs-Dehnungs-Zusammenhang betrifft, so wird folgende Hypothese abgeleitet:

Hypothese Mit Erhöhung des relativen Grenzschichten-Volumenanteils nimmt das Deformationsvermögen lasergesinterter Schichtstrukturen zu.

Unter den mit dem Laststeigerungsverfahren geprüften y0-, y90- und y45-Schichtstrukturen (Prozess: Volumenenergiedichte $E_{V,S1}$ nach Tabelle 4.1), Schichtstärke $h_S = 0{,}15$ mm; Materialtyp: PrimePart) sollte demnach die y45-Schichtstruktur ein besonders ausgeprägtes Deformationsvermögen zeigen.

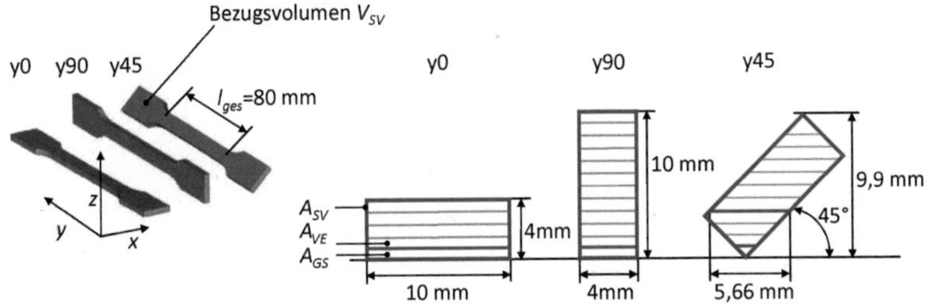

Bild 6.18: Aufteilung der lasergesinterten Querschnittsfläche A_{SV} in die Flächenanteile der Grenzschichten A_{GS} und Volumenelemente A_{VE} in Abhängigkeit der Orientierung der Bauteilgeometrie.

Tabelle 6.1: Aufteilung der auf Zug beanspruchten Querschnittsfläche von verschiedener lasergesinterter Schichtstrukturen (Schichtstärke $h_S = 0{,}15$ mm).

Thema	y0/0,15	y90/0,15	y45/0,15
Anzahl Grenzschichten	26	66	66
Breite der Grenzschichten in mm (Bezugsfläche A_{SV}: 10 x 4 mm^2)	260	264	268
Volumen der Grenzschichten in mm^3 (Bezugsvolumen V_{SV}: 10 x 4 x 80 mm^3)	1 560	1 584	1 608

Wie aus Bild 6.19 hervorgeht, weisen die 45° orientierten Zugproben die höchste Gesamtdehnung als auch die größten elastischen, viskoelastischen und viskosen Anteile auf (s. Bild 2.6). Nach einer vergleichsweise hohen plastischen Deformation in der letzten Laststufe versagten schließlich einige Zugproben der Schichtstruktur y45/0,15. Das geringste Verformungsvermögen lässt die y0/0,15-Zugprobe erkennen. Der relative Volumenanteil der Grenzschichten beeinflusst demnach das Verformungsverhalten von lasergesinterten Schichtstrukturen: Je höher offensichtlich der Volumenanteil der Grenzschichten am Gesamtvolumen des Schichtverbundes ist, desto ausgeprägter kann sich dieser deformieren.

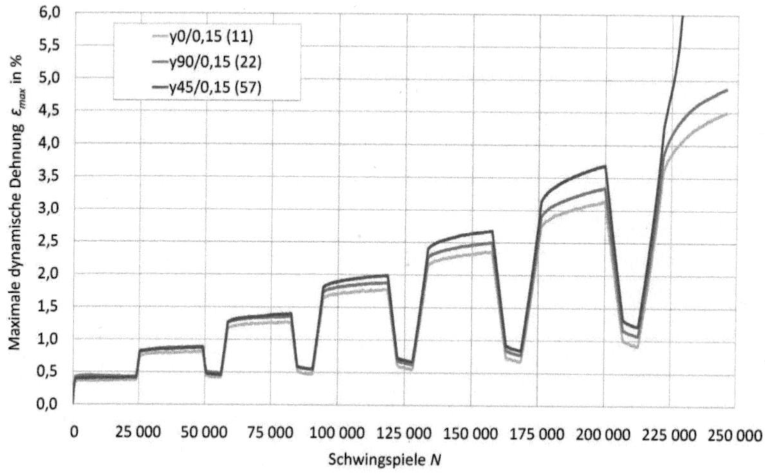

Bild 6.19: Maximale dynamische Dehnung lasergesinterter Zugproben in Abhängigkeit der Schwingspiele: Wirksamkeit des Volumenanteils der Grenzschichten.

Mit Blick auf den Verlauf der Dämpfung (Gl. 6.20) in Bild 6.20 fällt auf, dass im Vergleich zu den Schichtstrukturen y0/0,15 und y90/0,15, die Dämpfung der Schichtstruktur y45/0,15 schneller über die Laststufen zunimmt und in den letzten Belastungsstufen über der Dämpfung der y0/0,15- und y90/0,15-Schichtstrukturen liegt. Gemäß Gl. 6.20 ist das hohe Dämpfungsvermögen der y45/0,15-Schichtstrukturen die Folge einer verstärkt irreversiblen Energiedissipation im Verhältnis zur reversiblen Speicherarbeit. Offenbar finden in den y45/0,15-Schichtstrukturen vor allem im Schwingspielzahlbereich der letzten Laststufen ausgeprägte Schädigungsvorgänge statt.

Nach Bild 6.21 versagten im Einstufenversuch die 45° orientierten Zugproben deutlich früher als die Zugproben der übrigen Schichtstrukturen. So weisen die Zugproben mit einer y0/0,15- und y90/0,15-Schichtstruktur die höchsten Bruchschwingspielzahlen auf, wobei die Versagenszeitpunkte der 0° orientierten Zugproben wesentlich stärker streuen als die der 90° orientierten Zugproben.

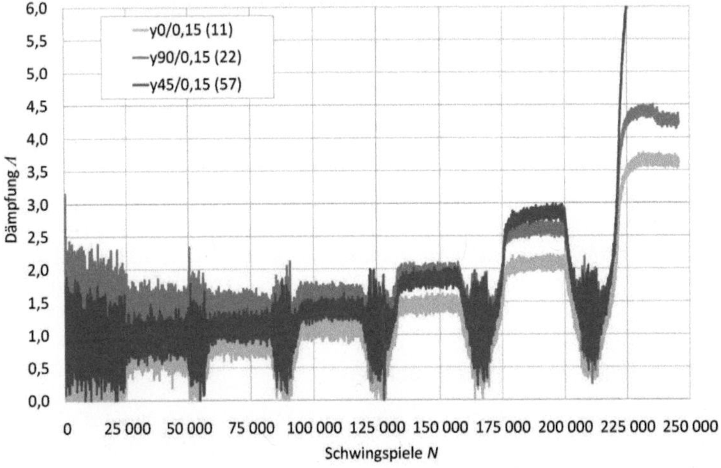

Bild 6.20: Dämpfungsvermögen von lasergesinterten Kunststoffstrukturen in Abhängigkeit der Schwingspiele im Laststeigerungsverfahren mit Zugbelastung.

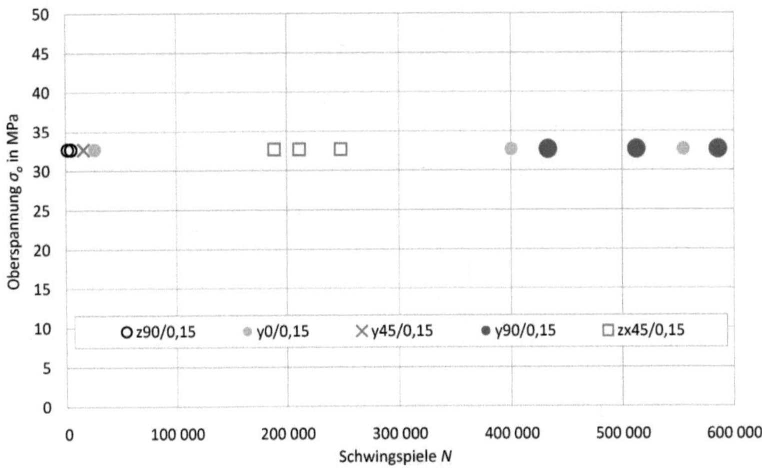

Bild 6.21: Versagenszeitpunkte von lasergesinterten Schichtstrukturen im Einstufenversuch mit Zugbelastung bei einer Oberspannung $\sigma_o = 32{,}7$ MPa.

Als Ursache für die höhere Streuung der Versagenszeitpunkte wird die große Belichtungsfläche der 0° orientierten Zugproben vermutet. Gibson et al. [103] und Ajoku [96] stellten in Kurzzeit-Zugversuchen ebenso eine höhere Streuung der Zugfestigkeit bei y0-Schichtstrukturen fest, die von Gibson et al. [103] mit der Annahme von inhomogenen thermischen Abkühlbedingungen bei großen Belichtungsflächen begründet wurde. Weiterhin ist zu bemerken, dass für die Einstufenversuche die relativ hohe Oberspannung $\sigma_o = 32{,}7$ MPa entsprechend der Laststufe 7 im Laststeigerungsverfahren gewählt wurde. Das frühe Versagen der Zugproben mit einer y45-Schichstruktur wird auf deren vergleichsweise hohe Deformation und die dabei stattfindende Werkstoffschädigung zurückgeführt. Was die Ermittlung von Lebensdauerkurven betrifft, so ist generell eine wesentlich größere Anzahl an Proben je Schichtstruktur und die Aufzeichnung des Dehnungsverhaltens über mehrere Spannungsniveaus notwendig.

6.5.3 Verteilung der Grenzschichten

In den Kurzzeit- und Langzeit-Zugversuchen wirkten bislang gleichmäßig über die Querschnittsfläche der lasergesinterten Schichtstrukturen verteilte Normalspannungen ein. Bei einer Beanspruchung auf Biegung stellen sich allgemein unterschiedliche Spannungsniveaus über die Probenhöhe ein (s. Bild 6.13 a) [151, 156, 157]. Im folgenden Abschnitt soll dieser Spannungszustand genutzt werden, um die geschichtete Struktur genauer untersuchen zu können. Zusätzlich soll im Kurzbalkenbiegeversuch der Schubanteil in der Schichtstruktur erhöht werden. Eine besondere Rolle sollte dabei die Schichtstärke und damit die Verteilung von Volumenelementen und Grenzschichten spielen. Wie in Abschnitt 6.2.2 und Abschnitt 6.3.2 gezeigt wurde, gilt die Stärke von Klebschichten als auch von Laminaten in der Faserverbund-Technologie als ein bedeutender Konstruktionsparameter. In Anlehnung an die Kenntnisse über Klebverbunde, werden folgende Hypothesen hinsichtlich des Verformungsverhaltens unter Biegebeanspruchung abgeleitet:

Hypothese Eine Verkleinerung der Schichtstärke bewirkt eine Erhöhung der mechanischen Kennwerte des lasergesinterten Schichtverbundes, wenn der Volumenanteil der Grenzschichten konstant bleibt. Aufgrund der homogeneren Verteilung von Grenzschichten und Volumenelementen reduzieren sich die Spannungsgradienten im geschichteten Material.

Hypothese Die durch die Schichthöhe veränderten Widerstandsmomente der Volumenelemente und Grenzschichten beeinflussen das Deformationsverhalten des Schichtverbundes. Demnach sollten die y90-Schichtstrukturen eine geringere Verschiebung unter Biegebeanspruchung erlauben als die y0-Schichtstrukturen.

In Bezug auf lasergesinterte Kunststoffe kann die Höhe der Volumenelemente und Grenzschichten mit der Schichtstärke der Anlage h_S und der Energiedichte des Laserstrahls E_V variiert werden. Es wird angenommen, dass mit konstanter Volumenenergiedichte E_V die Erhöhung der Schichtstärke h_S zu einer Zunahme der Höhe der Grenzschichten und Volumenelemente in gleichem Verhältnis führt (s. Gl. 6.1). Die Definition der für die makromechanischen Untersuchungen verwendeten Schichtverbunde geht aus Bild 6.22 hervor.

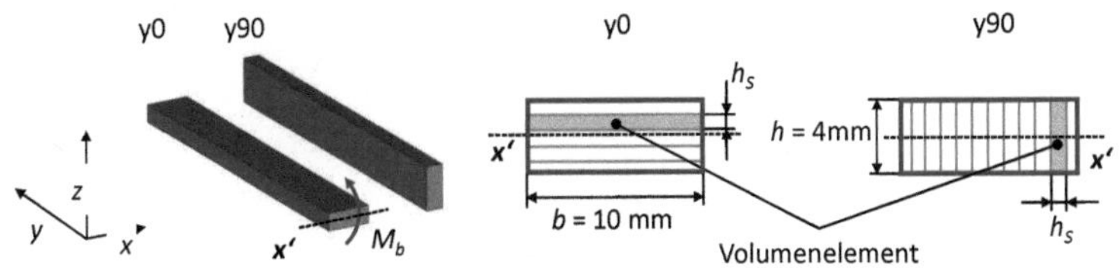

Bild 6.22: Definition der auf Biegung beanspruchten Schichtstrukturen in Abhängigkeit der Ausrichtung der Bauteilgeometrie im Fertigungsprozess.

Es handelt sich dabei um y0- und y90-Schichtstrukturen, die mit einer Schichtstärke h_S von 0,1 mm oder 0,15 mm, additiv hergestellt wurden (Prozess: Volumenenergiedichte $E_{V,S1}$ s. Tabelle 4.1 und $E_{V,S2}$ s. Tabelle 4.2; Materialtyp: PrimePart). Tabelle 6.2 gibt einen Überblick über die jeweiligen Widerstandsmomente der Schichten und den Volumenanteil der Grenzschichten. Das Trägheitsmoment einer Querschnittsfläche bezogen auf die x'-Achse ergibt das Widerstandsmoment einer Schicht (s. Bild 6.22), die aus den Phasen des Volumenelements und der Grenzschicht besteht. Der Widerstand gegen Biegung wurde demnach nach dem Widerstandsmoment eines Rechteckquerschnitts berechnet: $W = (bh^2)/6$ [151, 157].

Tabelle 6.2: Geometrische Charakterisierung der lasergesinterten Schichtstrukturen.

Thema	y0/0,15	y90/0,15	y0/0,10	y90/0,10
Anzahl der Grenzschichten .	26	66	38	99
Breite der Grenzschichten in mm (Bezugsfläche A_{SV}: 10 x 4 mm^2)	260	264	390	396
Volumen Grenzschichten V_{GS} in mm^3 (Bezugsvolumen V_{SV}: 10 x 4 x 80 mm^3)	1 560	1 584	1 560	1 584
Widerstandsmoment in mm ^{3} (Bezug: Schichtstärke $h_S = 0{,}15$mm; x'-Achse)	0,04	0,40	0,02	0,27

Zunächst wurden die Biegeproben nach Tabelle 6.2 in einem quasistatischen Kurzbalkenbiegeversuch nach DIN EN ISO 2563 (s. Abschnitt 4.2.2) geprüft. Wie die in Bild 6.23 dargestellten Kennwerte zeigen, konnte mit der y0/0,10-Schichtstruktur die größte Durchbiegung bei entsprechender Maximalkraft F_{max} und der höchste Biege-E-Modul erzielt werden. Unter den im statischen Biegeversuch geprüften Materialproben versagte ausschließlich die Biegeprobe der y0/0,10-Schichtstruktur nicht durch Bruch. Allgemein lässt sich feststellen, dass sich bei konstanter Schichtstärke die 0° orientierten Biegeproben der y0-Schichtstruktur gegenüber den Biegeproben mit einer y90-Schichtstruktur mit einer signifikant höheren Durchbiegung bei F_{max} verformten.

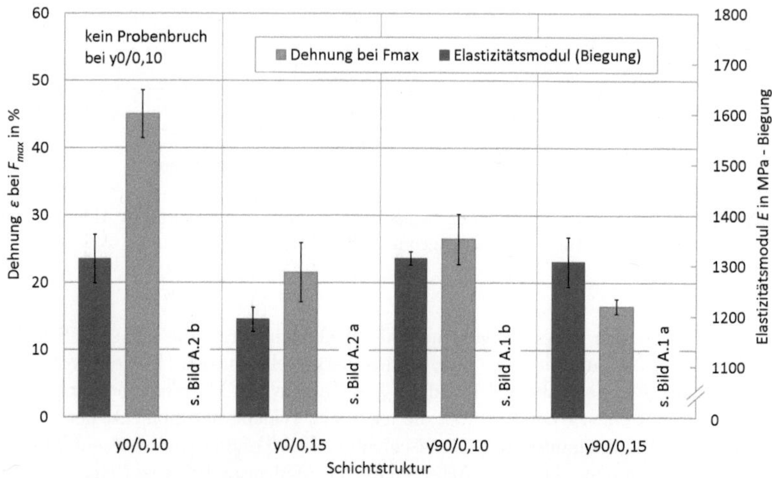

Bild 6.23: Mechanische Kennwerte von lasergesinterten Schichtstrukturen nach quasistatischen Kurzbalkenbiegeversuchen in Abhängigkeit der Phasenverteilung.

Darüber hinaus wurden die lasergesinterten Biegeproben dynamisch im Laststeigerungsverfahren beansprucht. Das Deformationsverhalten der geprüften Schichtverbunde geht aus Bild 6.24 hervor. Beim Blick auf die 0° orientierten Biegeproben fällt deren höhere Dehnungsantwort gegenüber den Biegeproben mit einer 90° Ausrichtung bei konstanter Schichtstärke h_S auf. Wie das Verformungsverhalten 0° orientierten Biegeproben deutlich macht, reagiert die y0/0,10-Schichtstruktur der kleineren Schichtstärke $h_S = 0{,}1$ mm mit einer wesentlich geringeren nominellen Dehnung über alle Schwingspielzahlen als die y0/0,15-Schichtstrukturen. Hingegen lassen die 90° orientierten Biegeproben der Schichtstrukturen y90/0,10 und y90/0,15 keine signifikanten Unterschiede im Verformungsverhalten erkennen.

Die Ergebnisse werden wie folgt zusammengefasst:

- Biegebeanspruchung mit erhöhtem Schubanteil: Während sich die Schichtstrukturen y0/0,15 und y0/0,10 unter dynamischer Zugbelastung nicht signifikant unterschiedlich verformten (s. Bild 6.16), reagierte die y0/0,10-Schichtstruktur unter dynamischer Biegebeanspruchung im Kurzbalkenbiegeversuch mit deutlich geringerer Dehnung als die y0/0,15-Schichtstruktur. Daraus folgt, dass sich die Spannungsverteilung bei Biegebelastung und der zusätzlich erhöhte Schubanteil für eine genauere Analyse der geschichteten Struktur eignen.

- Variation der Orientierung bei konstanter Schichtstärke h_S: Offensichtlich werden die Biegeeigenschaften der Schichtstruktur von dem Widerstandsmoment W der Einzelschichten beeinflusst, da nach Tabelle 6.2 die 90° orientierten Schichten ein vergleichsweise hohes Biegewiderstandsmoment aufweisen und der Schichtverbund

unter Kurzzeit- als auch unter dynamischer Langzeitbelastung ein geringeres
Deformationsvermögen erkennen lässt.

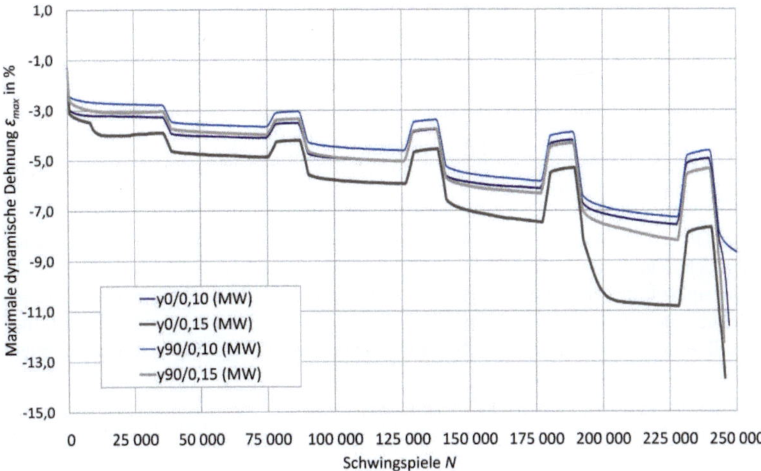

Bild 6.24: Maximale dynamische Dehnung ε_{max} von lasergesinterten Biegeproben
(y0/0,10, y0/0,15, y90/0,10 und y90/0,15) in Abhängigkeit der Schwing-
spiele im Laststeigerungsverfahren: Wirksamkeit der Verteilung der
Grenzschichtflächen.

- Für die Analyse der Haftung zwischen den Volumenelementen sowie des Verformungsvermögens der Grenzschichten erscheint die 0° Orientierung der Biegeproben
  zweckmäßig, da der Widerstand der Schichten gegen Biegung gering bleibt.

- Variation der Schichtstärke bei konstanter Orientierung: Wie die mechanischen
  Kennwerte der Schichtstruktur y0/0,10 gegenüber der Schichtstruktur y0/0,15 im
  Rahmen der Kurzzeit- und Langzeitbiegeversuche bestätigen, führt die Reduzierung
  der Schichtstärke und damit einhergehend die homogenere Verteilung der Phasen
  von Volumenelementen und Grenzschichten zu einer Steigerung der Festigkeit wie
  auch der Steifigkeit.

Die Verteilung der Grenzschichten, die sich grundsätzlich aus der Schichtstärke h_S
ergibt, beeinflusst also die mechanischen Eigenschaften des Schichtverbundes besonders unter Biegebeanspruchung. Ein lasergesinterter Schichtverbund mit reduzierter Schichtstärke zeichnet sich beispielsweise durch erhöhte Festigkeits- und
Steifigkeitskennwerte unter Biegebelastung aus, vorausgesetzt der Volumenanteil der
Grenzschichten bleibt mit entsprechender Volumenenergiedichte der Belichtung und
Orientierung der Probegeometrie im Fertigungsprozess konstant.

6.6 Zusammenfassung

Die Zielsetzung der makromechanischen Strukturanalyse bestand darin, die Verformung des lasergesinterten Schichtverbundes in Abhängigkeit der aufgeprägten Spannungen zu untersuchen. Auf Basis eines definierten Materialmodells lasergesinterter Schichtstrukturen und in Anlehnung an werkstoffmechanische Gesetzmäßigkeiten von Klebungen und Faserverbund-Kunststoffen wurden Hypothesen formuliert, deren Gültigkeiten mit dem Ermüdungsverhalten unter Zug- und Biegebeanspruchung bestätigt werden konnten. Zusammengefasst lassen sich folgende Kenntnisse über die Wirkmechanismen von Grenzschichten und Volumenelementen eines lasergesinterten Schichtverbundes ableiten:

- Das Deformationsvermögen von lasergesinterten Schichtstrukturen resultiert aus der Schaltung von Volumenelementen und Grenzschichten in Abhängigkeit der Beanspruchungsrichtung. Da sich die mechanischen Eigenschaften von Volumenelementen und Grenzschichten offensichtlich unterscheiden, werden Spannungsgradienten im Schichtverbund hervorgerufen, die dann zum richtungsabhängigen Bauteilverhalten führen.

- Eine besonderes Augenmerk wurde auf den Einfluss der Grenzschichten gelegt, die im Rahmen der Verbindung der Schichten wiederholt belichtet werden. Erstens konnte mit Vergrößerung der Grenzschichtflächen die auf die Schichtebene einwirkenden Normalspannungen bei Zugbeanspruchung reduziert und die Ermüdungsfestigkeit der lasergesinterten Schichtstruktur gesteigert werden. Zweitens wurde festgestellt, dass sich in Abhängigkeit der Schichtorientierungen der relative Volumenanteil der Grenzschichten und damit das Deformationsvermögen der jeweiligen Schichtverbunde erhöhen lassen. Drittens zeigte sich, dass über die Reduzierung der Schichtstärke die Verteilung der Grenzschichten verfeinert und die resultierenden Spannungsgradienten verringert werden. Steifigkeit und Festigkeit der lasergesinterten Schichtstrukturen lassen sich somit optimieren.

- Die Spannungsverteilung im Querschnitt eines auf Biegung beanspruchten Probekörpers scheint für vergleichende Untersuchungen der lasergesinterten Schichtverbunde zweckmäßig zu sein. Die Unterschiede im Verformungsverhalten wurden besonders deutlich, als der Schubspannungsanteil im geschichteten Material durch den Versuchsaufbau des Kurzbalkenbiegeversuchs erhöht wurde.

Neben dem mechanischen Wirkprinzip von Volumenelementen und Grenzschichten konnte somit auch die Bedeutung von Kenngrößen wie die Verteilung, der relative Volumenanteil und die Größe der Querschnittsfläche von Grenzschichten/Volumenelementen festgestellt werden.

7 Mikromechanische Strukturanalyse (Bruchverhalten)

Wie mit dem vorherigen Kapitel 6 gezeigt wurde, kann das Ermüdungsverhalten quantitativ durch den Steifigkeitsabfall und die Werkstoffdämpfung beschrieben werden. Als ein weiteres Ermüdungskriterium gilt der Bruch, der das totale Versagen eines Bauteils anzeigt. Während der Verlauf der Dämpfung an rissfreien Werkstoffproben beobachtet werden kann, bewerten bruchmechanische Methoden genau die zeitabhängige Ausbreitung von Rissen infolge der Werkstoffermüdung. Das Bestreben dieses Kapitels geht dahin, die Gegebenheiten der Rissentstehung und -ausbreitung in lasergesinterten Schichtverbunden näher zu betrachten. So konnte im Rahmen der Funktionserprobung ein Risswachstum entlang von Schichten beobachtet werden (s. Bild 2.10). Die nachfolgende Bruchanalyse erfolgt mikromechanisch, indem die im Rahmen der makromechanischen Verformungsanalyse vernachlässigte Heterogenität von Volumenelementen und Grenzschichten berücksichtigt wird.

7.1 Bewertungskriterien der Risszähigkeit

Der Theorie der Bruchmechanik liegt zunächst die Annahme zu Grunde, dass Materialien mikroskopische Defekte enthalten, die den Ausgangspunkt für Rissentstehung und -ausbreitung bilden [158]. Um den Vorgang der Rissausbreitung zu quantifizieren, haben sich verschiedene Ansätze entwickelt:

- Für die Schaffung neuer Bruchflächen muss Energie aufgebracht werden.

- Das Risswachstum hängt von der Höhe der lokalen Spannungsintensität in der Umgebung der Rissspitze ab.

Die mikromechanischen Untersuchungen der vorliegenden Arbeit basieren im Wesentlichen auf der Spannungsbetrachtung, deren Theorie im Folgenden dargestellt und in Beziehung zur energetischen Betrachtung gesetzt wird:

Kritischer Spannungsintensitätsfaktor K_c Wird eine rissbehaftete Probe auf Zug beansprucht, so wird in der Nähe der Rissspitze eine lokale Normalspannung σ_y erzeugt, die sich approximativ über den kritischen Spannungsintensitätsfaktor K_c und den Abstand r von der Rissspitze bestimmen lässt (s. Skizze in Bild 7.1) [44,123]:

$$\sigma_y = \frac{K_c}{\sqrt{2\pi r}} \quad . \tag{7.1}$$

Der kritische Spannungsintensitätsfaktor K_c gibt die für die Rissentstehung- und ausbreitung erforderliche Spannung an, die für den Fall der Normalbeanspruchung nach Mode I (s. Bild 4.9 a) [37, 44] von der äußeren Belastung σ und der Risslänge a abhängt:

$$K_c = \sigma\sqrt{\pi a} \quad . \tag{7.2}$$

Darüber hinaus wird der kritische Spannungsintensitätsfaktor K_c von der Geometrie des Probekörpers bestimmt, weshalb eine Geometriefunktion $f(a/W)$ zur genaueren Beschreibung berücksichtigt werden muss:

$$K_c = \sigma\sqrt{\pi a} \cdot f\left(\frac{a}{W}\right) \quad . \tag{7.3}$$

Der später verwendete Prüfkörper gibt demnach die Geometriefunktion $f(a/W)$ vor. Der Spannungsintensitätsfaktor K gilt im Allgemeinen als der Grenzwert einer für die Umgebung der Rissspitze definierten Funktion, die mit der im Material wirksamen Normalspannung σ_y und ihren Abstand r von der Rissspitze (ISO 13586 [127]) beschrieben wird:

$$K = \lim_{r \to 0} \sigma_y(r) \cdot \sqrt{2\pi r} \quad . \tag{7.4}$$

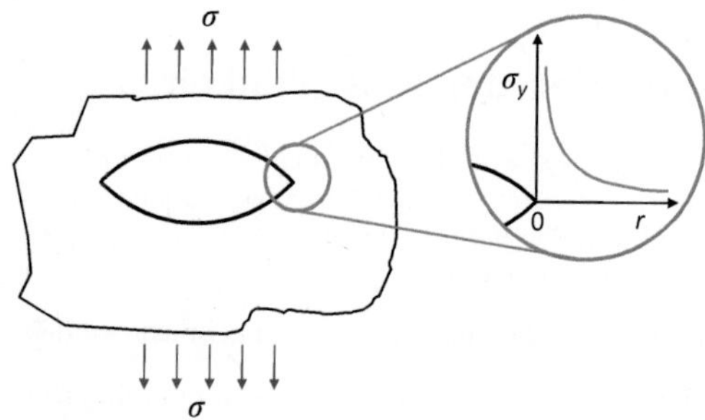

Bild 7.1: Spannungszustand in der Umgebung einer Rissspitze [44].

Kritische Energiefreisetzungsrate G_c　　Grundsätzlich bezeichnet die Energiefreisetzungsrate G den Energiebetrag, der beim stabilen Risswachstum pro neugeschaffener Bruchflächeneinheit freigesetzt wird [127]. Die kritische Energiefreisetzungsrate G_c gibt den Energiebetrag an, der mindestens für die Rissinitiierung und -ausbreitung notwendig ist. Gemäß bruchmechanischer Grundlagen [34, 37, 158, 159] steht die kritische Energiefreisetzungsrate G_c mit dem kritischen Spannungsintensitätsfaktor K_c und dem Elastiztitätsmodul in folgendem Zusammenhang:

$$G_c = \frac{K_c^2}{E} \quad . \tag{7.5}$$

Die Risszähigkeit, also der Widerstand gegen Rissausbreitung oder die Kohäsionsfestigkeit des Materials, lässt sich sowohl über den kritischen Spannungsintensitätsfaktor K_c als auch über die kritische Energiefreisetzungsrate G_c kennzeichnen [37]. Letztendlich ermöglicht die Quantifizierung der Rissinitiierung und Rissausbreitung die Bewertung des Energieaufnahmevermögens eines Materials. Beispielsweise wird durch Zugabe von festen Fremdpartikeln die Risszähigkeit von Kunststoffen erhöht, wie faserverstärkte PE-HDs oder mit Glaspartikeln gefüllte Epoxidharze zeigen (s. Bild 7.2 a) [123, 160]. Konkret lenken Unregelmäßigkeiten im Material die Rissausbreitungsfront ab, wodurch neue Bruchflächen entstehen und die während des Risswachstums dissipierte Energie ansteigt. Oftmals lassen die Bruchflächen von gefüllten Materialien Hohlraumbildungen, Micro-Cracks als auch Rissverläufe entlang zweier Werkstoffphasen („crack-pinning") erkennen (s. Bild 7.2 b).

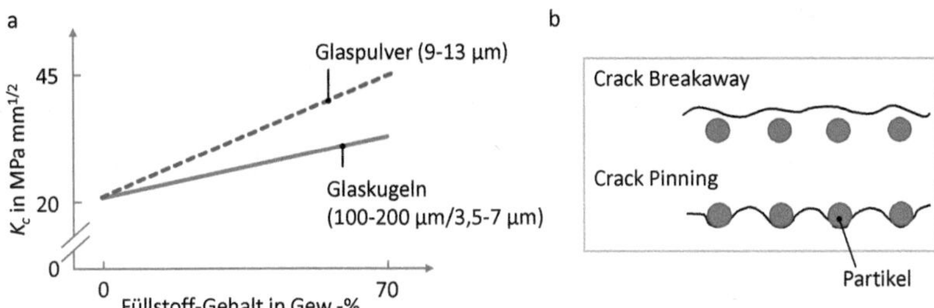

Bild 7.2: Risszähigkeit von mit Füllstoffen modifizierten Epoxiden. - a) Kritischer Spannungsintensitätsfaktor K_c in Abhängigkeit des Füllstoffgehalts; b) „Crack pinning"-Prozess [160].

7.2 Ermüdungsrissausbreitung in lasergesinterten Schichtverbunden

In diesem Abschnitt wird das Ziel verfolgt, die Risszähigkeit von lasergesinterten Schichtverbunden unter Dauerschwingbelastung zu untersuchen. Die bruchmechanischen Methode der Ermüdungsrissausbreitung soll dazu dienen, die Festigkeitseigenschaften der bislang makromechanisch betrachteten Phasen der Volumenelemente und Grenzschichten genauer zu charakterisieren. Im Rahmen der Funktionsprüfungen in Kapitel 2 konnte Risswachstum entlang der Schichtstruktur von lasergesinterten Bauteilen, die durch Bruch versagten, beobachtet werden. Die dabei beanspruchten Phasen Volumenelemente und Grenzschichten zeichnen sich nach den Erkenntnissen der makromechanischen Untersuchungen (Kapitel 6) durch ein unterschiedliches Deformationsvermögen aus. Wie einige Beispiele der Kunststoffentwicklung zeigen, wird die Risszähigkeit und das Energieaufnahmevermögen durch Kombination ungleichartiger Komponenten, wie etwa die Zugabe von Füllstoffen, vergrößert [160,161].

Es werden also folgende Hypothesen aufgestellt:

Hypothese Risse breiten sich vorzugsweise längs der Schichtstruktur aus. Wie stark sich die Volumenelemente und Grenzschichten hinsichtlich ihrer Kohäsionsfestigkeit und Homogenität tatsächlich voneinander unterscheiden, zeigt das Ausmaß der Rissablenkung, wenn auf die Schichtstruktur eine 45° relativ zur Schichtebene ausgerichtete Zugkraft einwirkt.

Hypothese Die Risszähigkeit von lasergesinterten Schichtstrukturen kann durch die Erhöhung der Anzahl und der Verteilung von Grenzschichten gesteigert werden.

In Ermüdungsrissausbreitungsversuchen wird allgemein die Rissausbreitungsgeschwindigkeit da/dN unter dynamischer Zugbeanspruchung gemäß Gl. 7.3 über der Schwingbreite des Spannungsintensitätsfaktors ΔK aufgezeichnet (Prüfbedingungen und theoretische Grundlagen s. Abschnitt 4.2.2). Der Thresholdwert K_{th} kennzeichnet hierbei den für die Rissinitiierung erforderlichen Spannungszustand. Im Rahmen der Versuchsauswertung wurden die Thresholdwerte und die Rissausbreitungsgeschwindigkeiten bei den exemplarischen Schwingbreiten der Spannungsintensitätsfaktoren ΔK von 2 MPa$\sqrt{m}$ und 2,5 MPa$\sqrt{m}$ gegenüberübergestellt. Die Herstellung der lasergesinterten Probegeometrien erfolgte mit der Schichtstärke $h_S = 0{,}1$ mm (Prozess: Volumenenergiedichte $E_{V,S2}$ s. Tabelle 4.2; Materialtyp: PrimePart).

7.2.1 Heterogenität von Volumenelementen und Grenzschichten

Um den Mindestwiderstand der lasergesinterten Schichtstruktur gegen Rissentstehung und -ausbreitung zu identifizieren, wurde zunächst die lasergesinterte Schichtstruktur z90$_\parallel$ definiert und unter dynamischer Zugbeanspruchung beobachtet. Weiter sollte die zx45$_{45}$-Schichtstruktur die Unterschiede in den Kohäsionsfestigkeiten von Volumenelementen und Grenzschichten verdeutlichen. Die Belastungsrichtung und die Orientierung der Probekörpergeometrie im Fertigungsprozess gehen aus Bild 7.3 hervor.

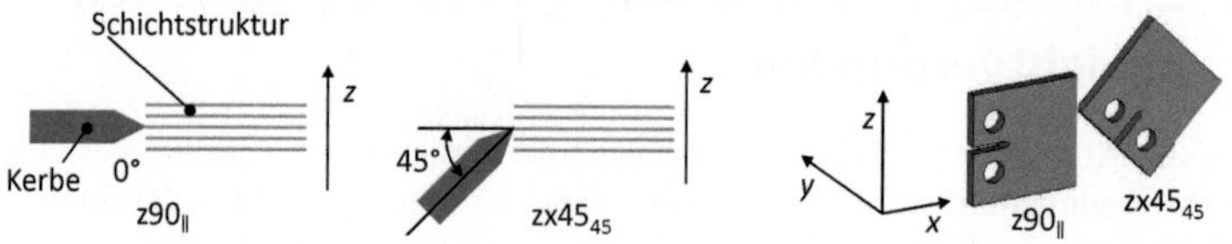

Bild 7.3: Definition der Schichtstrukturen und deren Beanspruchungsrichtung über CT-Probekörper: Mindestwiderstand gegen Rissentstehung/-ausbreitung und Differenz der Kohäsionsfestigkeiten von Volumenelementen und Grenzschichten.

Die jeweilige Korrelation der Rissausbreitungsgeschwindigkeit da/dN mit der Schwingbreite des Spannungsintensitätsfaktors ΔK ist in Bild 7.4 und Bild 7.5 dargestellt. Als Referenz wurde allgemein das Rissausbreitungsverhalten in spritzgegossenem PA 12 herangezogen. Zusätzlich soll Tabelle 7.1 den Vergleich spezifischer

Werte der Ermüdungsrissausbreitung in lasergesinterten Materialien unterstützen. Bild 7.6 zeigt den Verlauf und die Gestalt der Risse.

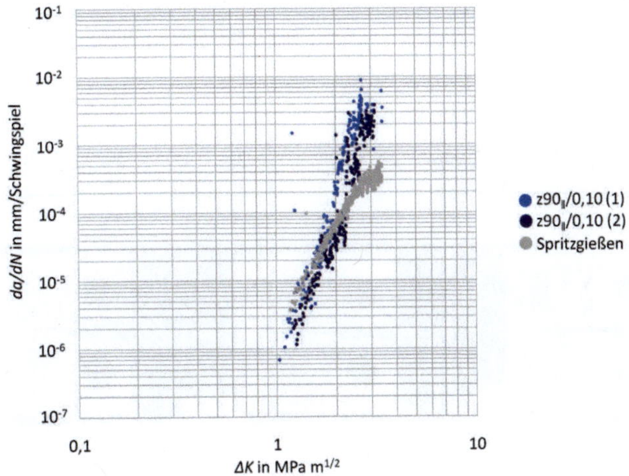

Bild 7.4: Charakteristik der Ermüdungsrissausbreitung: Schichtstruktur $z90_∥$.

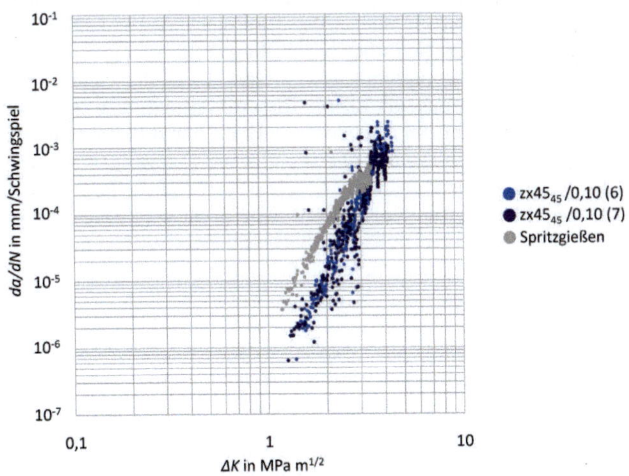

Bild 7.5: Charakteristik der Ermüdungsrissausbreitung: Schichtstruktur $zx45_{45}$.

Tabelle 7.1: Gegenüberstellung von Rissausbreitungsgeschwindigkeiten da/dN und Thresholdwerten ΔK_{th}: Spritzgegossenes und lasergesintertes PA 12 mit den Schichtstrukturen $z90_\parallel$ und $zx45_{45}$ (auch in [140]).

Thema	Spritzgießen	$z90_\parallel$	$zx45_{45}$
Thresholdwert K_{th} (in MPa$\sqrt{\mathrm{m}}$)	1,2	1,2	1,4
da/dN (in mm/1) bei 2 MPa$\sqrt{\mathrm{m}}$	$6 \cdot 10^{-5}$	$6 \cdot 10^{-5}$	$1 \cdot 10^{-5}$
da/dN (in mm/1) bei 2,5 MPa$\sqrt{\mathrm{m}}$	$2 \cdot 10^{-4}$	$1 \cdot 10^{-3}$	$4 \cdot 10^{-5}$

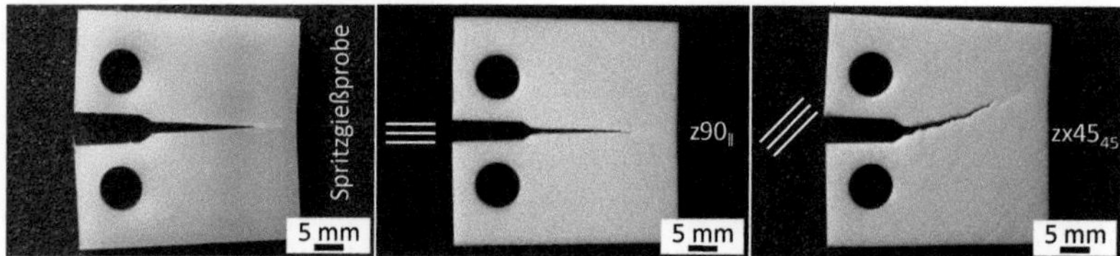

Bild 7.6: Rissverlauf in spritzgegossenem und lasergesintertem PA 12 (Schichtstrukturen: $z90_\parallel$, $zx45_{45}$) infolge der Materialermüdung (auch in [140]).

Zunächst bestätigen die Rissverläufe der $zx45_{45}$-Schichtstruktur (s. Bild 7.6), dass die Rissausbreitung in lasergesinterten Kunststoffen von der Schichtstruktur abgelenkt wird. Offensichtlich wächst der Riss nicht kontinuierlich entlang einer Schichtebene, sondern setzt sich über verschiedene Schichten fort. Daraus lässt sich schließen, dass lokale Spannungsgradienten in den Phasen der Volumenelemente und Grenzschichten vorliegen müssen, die die Rissausbreitung über mehrere Schichten antreiben. Wie auch die übrigen Aufnahmen in Bild 7.6 und Bild 7.11 illustrieren, weisen die Risse der lasergesinterten Probekörper generell einen heterogenen Charakter auf. Die Entwicklung der Rissausbreitungsgeschwindigkeit da/dN in der $zx45_{45}$-Schichtstruktur kann aufgrund der Rissablenkung nicht weiter für den Vergleich der Messungen verwendet werden.

Weiterhin zeigt sich die ausgeprägte Kohäsionsfestigkeit sowohl von Grenzschichten als auch von Volumenelementen. Erstens wurde der Riss nicht vollständig von der Schichtstruktur $zx45_{45}$ abgelenkt. Zweitens zeichnet sich die Schichtstruktur $z90_\parallel$, die die geringste Risszähigkeit unter den lasergesinterten Schichtstrukturen der Untersuchungen besitzt, mit einem der Spritzgießreferenz vergleichbaren Thresholdwert ΔK_{th} aus.

Gemäß Tabelle 7.1 breitet sich der Riss der lasergesinterten Schichtstruktur $z90_\parallel$ jedoch mit zunehmender Schwingbreite des Spannungsintensitätsfaktors ΔK schneller aus als in spritzgegossenem PA 12. Damit wird die allgemein höhere Sprödigkeit des lasergesinterten Kunststoffs verglichen mit der Spritzgießreferenz deutlich. Zudem lassen die Wiederholungsversuche mit gesintertem Material ein großes Streuband der Messpunkte mit zugleich guter Reproduzierbarkeit erkennen. Dies deutet auf einen ungleichförmigen Rissfortschritt im porösen Material hin, was sich durch die optische Begutachtung der Rissflächen bestätigt.

7.2.2 Einfluss der Phasenanzahl auf die Risszähigkeit

Welchen Einfluss die Anzahl und Verteilung der Grenzschichten auf die Risszähigkeit des lasergesinterten Schichtverbundes nehmen, soll im Folgenden mit Hilfe der in Bild 7.7 skizzierten Schichtstrukturen für die Ermüdungsrissausbreitung untersucht werden. Während der Spannungszustand an der Rissspitze der Schichtstruktur $z90_\perp$ der Reihe nach auf jeweils ein Volumenelement oder eine Grenzschicht einwirkt, beansprucht der von der Kerbe ausgehende Riss bei der Schichtstruktur xy0 etwa 40 Schichten, bei der Schichtstruktur zy45 etwa 29 Schichten gleichzeitig. Es wird erwartet, dass die Schichtstrukturen xy0 und zy45 einen vergleichsweise großen Widerstand gegen Rissausbreitung zeigen. Die $z90_\perp$-Schichtstruktur sollte dagegen die geringste Risszähigkeit aufweisen.

Das Ermüdungsrissausbreitungsverhalten der Schichtstrukturen wird mit Bild 7.8, Bild 7.9 und Bild 7.10 ersichtlich. Bild 7.11 zeigt den Rissverlauf je lasergesinterter Schichtstruktur. Die ermittelten Thresholdwerte ΔK_{th} und Rissausbreitungsgeschwindigkeiten bei 2 MPa$\sqrt{m}$ und 2,5 MPa$\sqrt{m}$ stellt Tabelle 7.2 gegenüber.

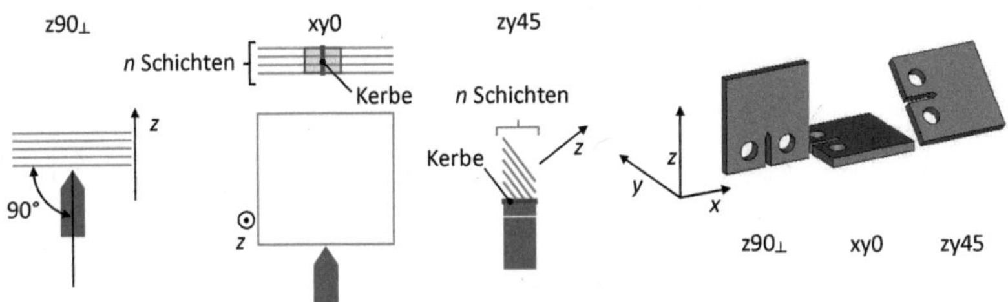

Bild 7.7: Definition der Schichtstruktur und deren Beanspruchungsrichtung über CT-Probekörper: Erhöhung der Risszähigkeit durch Anzahl und Verteilung von Grenzschichten.

Tabelle 7.2: Gegenüberstellung von Rissausbreitungsgeschwindigkeiten da/dN und Thresholdwerten ΔK_{th} der lasergesinterten Schichtstrukturen $z90_\perp$, xy0 und zy45.

Thema	$z90_\perp$	xy0	zy45
Thresholdwert K_{th} in MPa$\sqrt{m}$	1,4	1,8	1,6
da/dN (in mm/1) bei 2 MPa$\sqrt{m}$	$2,5 \cdot 10^{-5}$	-	$1 \cdot 10^{-5}$
da/dN (in mm/1) bei 2,5 MPa$\sqrt{m}$	$1,5 \cdot 10^{-4}$	$3 \cdot 10^{-5}$	$3 \cdot 10^{-5}$

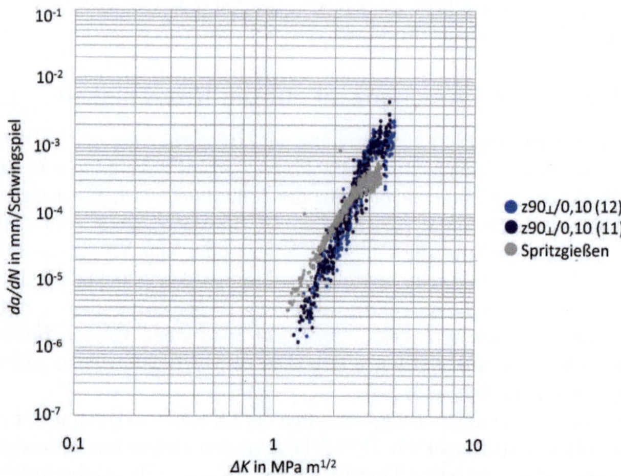

Bild 7.8: Charakteristik der Ermüdungsrissausbreitung: Schichtstruktur $z90_\perp$ (auch in [140]).

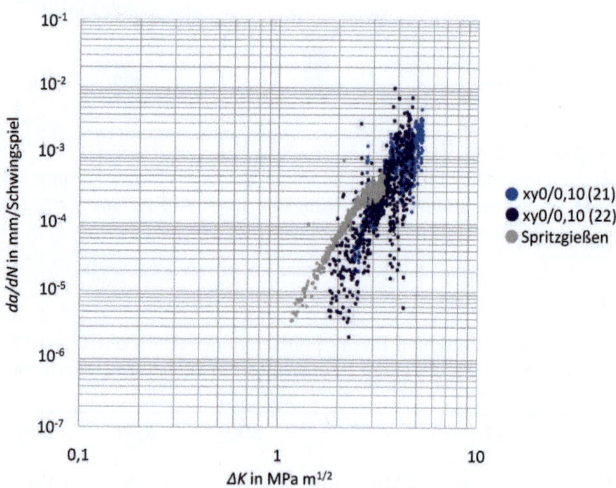

Bild 7.9: Charakteristik der Ermüdungsrissausbreitung: Schichtstruktur xy0.

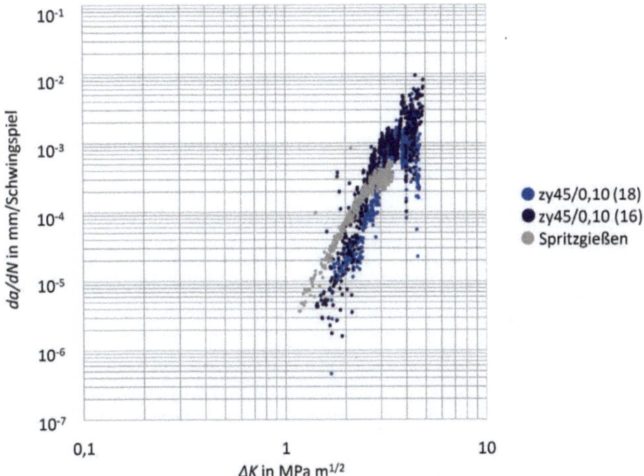

Bild 7.10: Charakteristik der Ermüdungsrissausbreitung: Schichtstruktur zy45.

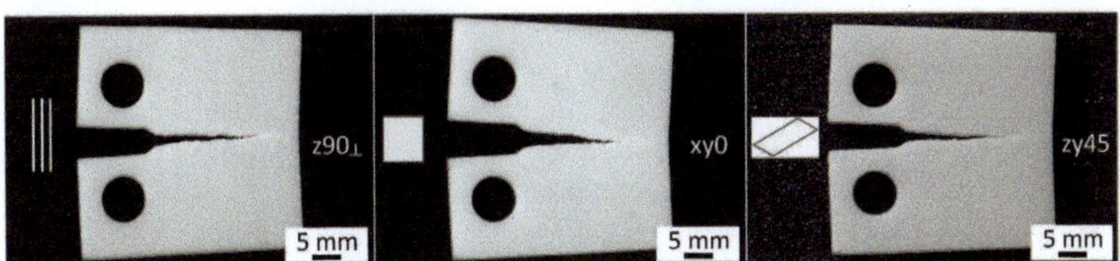

Bild 7.11: Rissverlauf in lasergesintertem PA 12 (Schichtstrukturen: z90⊥, xy0 und
zy45) infolge der Materialermüdung (auch in [140]).

Wie die Thresholdwerte ΔK_{th} (s. Tabelle 7.2) verdeutlichen, lässt sich die
größte Risszähigkeit unter den untersuchten Schichtstrukturen bei der Schichtstruktur xy0 festgestellen. Die Schichtstrukturen z90⊥, z90∥ und zx45₄₅ zeigen dabei
einen wesentlich geringeren Widerstand gegen Rissinitiierung und -ausbreitung. Die
besonders hohe Risszähigkeit der Schichtstrukturen xy0 und zy45 wird darauf zurückgeführt, dass mehrere Volumenelemente und Grenzschichten gleichzeitig von dem
Spannungszustand der Rissspitze beaufschlagt werden. Analog der Beeinflussbarkeit
der Risszähigkeit über den Füllstoffgehalt (s. Abschnitt 7.1), so scheint im Fall der
xy0- und zx45-Schichtstruktur die erhöhte Zahl an Grenzschichten das Risswachstum
aufgrund zusätzlich zu erzeugender Bruchflächen zu verlangsamen. Angesichts dieser
Befunde wird gefolgert, dass sich durch die Reduzierung der Schichtstärke h_S, mit
der eine höhere Zahl an Grenzschichten einhergeht, die Risszähigkeit lasergesinterter
Schichtstrukturen steigern lässt.

7.3 Zusammenfassung

Im zweiten Teil der Strukturanalyse wurde das Versagen von lasergesinterten Probekörpern mikromechanisch betrachtet. Dabei interessierte vor allem die Heterogenität
von Volumenelementen und Grenzschichten, die im Rahmen der Verformungsanalyse
noch als homogene Einheiten galten. Konkret wurde die Risszähigkeit und damit der
Widerstand gegen Rissentstehung/-ausbreitung von verschiedenen Schichtstrukturen
mit der bruchmechanischen Methode der Ermüdungsrissausbreitung bewertet. Die
Beobachtungen lassen sich wie folgt zusammenfassen:

Grundsätzlich konnte eine bemerkenswerte Risszähigkeit von lasergesintertem
PA 12 festgestellt werden. Bis zu Spannungsintensitäten von 2 MPa$\sqrt{m}$ zeigten
lasergesinterte Schichtstrukturen einen höheren Widerstand gegen Rissausbreitung
als das spritzgegossene PA 12. Erst im Verlauf des Risswachstums wurde die höhere
Sprödigkeit des lasergesinterten Kunststoffs aufgrund der schnelleren Zunahme der
Ausbreitungsgeschwindigkeit über ΔK deutlich. Die breite und zugleich in Wie-
derholungsversuchen reproduzierbare Streuung der Messpunkte je Schichtstruktur
wurde auf ein inhomogenes Risswachstum im porösen Material zurückgeführt. Die
Heterogenität des Materials zeigte sich auch an den Bruchflächen und der teilweisen
Ablenkung von Rissen durch die Schichtstruktur. Offensichtlich wird die Risswachs-
tumsrichtung auch von der Heterogenität der Phasen und den daraus folgenden
Spannungsgradienten beeinflusst.

Mit erhöhter Anzahl der von einem Riss beanspruchten Schichten nimmt auch
der Widerstand des Materials gegen Rissausbreitung zu. Daraus folgt erstens, dass
die Schichtstärke h_S zu einer Erhöhung der Risszähigkeit beiträgt. Zweitens kann
die Risszähigkeit über die Orientierung einer Bauteilgeometrie im Fertigungsprozess
und damit über die gewählte Schichtungsrichtung bestimmt werden.

Die Strukturanalyse erfolgte im Rahmen der werkstoffmechanischen Untersuchungen bislang an Probegeometrien. Die aufgezeigten Zusammenhänge zwischen
der äußeren Belastung und der mikro- und makroskopischen Werkstoffreaktion
sollen im folgenden Kapitel auf das Ermüdungsverhalten eines Endkundenbauteils
übertragen werden.

8 Versagensverhalten infolge einer systematischen Bauteilfertigung

Ausgehend vom anisotropen Bauteilverhalten in Funktionsprüfungen (Kapitel 2) wurde das mechanische Wirkprinzip lasergesinterter Kunststoffe an *Probegeometrien* mit mikro- und makromechanischen Methoden untersucht. Das folgende Kapitel zielt nun darauf ab,

- die analysierten Wirkmechanismen im lasergesinterten Schichtverbund am Versagensverhalten von *Bauteilen* bei Ermüdung zu bewerten und

- identifizierte Kenngrößen in Bezug auf Volumenelemente und Grenzschichten in eine systematische Bauteilfertigung mit dem Lasersinterverfahren zu integrieren.

Zunächst sollte die Grundausrichtung des Bauteils und damit die Definition der Form sowie der Schaltung von Volumenelementen bei mechanischer Belastung erfolgen (s. Abschnitt 6.4). Konkret handelte es sich dabei um das Bauteil „Abdeckung Mittelkonsole" (s. Bild 2.11) und um dessen Beanspruchung auf Biegung. Um Normalspannungen senkrecht zur Schichtebene zu vermeiden, wurde die Bauteilgeometrie möglichst horizontal im Fertigungsprozess ausgerichtet.

Im Weiteren ging es um die Bestimmung der Prozessbedingungen durch geometrische Größen wie beispielsweise durch die Schichtstärke h_S und den Orientierungswinkel α der Bauteilgeometrie zur (x, y)-Bezugsebene (Bauplattform). Hierbei wird der relative Volumenanteil der Grenzschichten und die Schichtungsrichtung relativ zur Rissausbreitungsrichtung festgelegt (s. Abschnitt 6.5 und Abschnitt 7.2). Was das Bauteil „Abdeckung Mittelkonsole" betrifft, so verdeutlichte die Kurzzeit-Biegeprüfung in Abschnitt 2.3.2, dass sich beim Bauteilversagen ein Riss an der am stärksten auf Zug beanspruchten Kante bildet (s. Bild 8.1 a) und gerade durch das Material läuft (s. Bild 8.1 b).

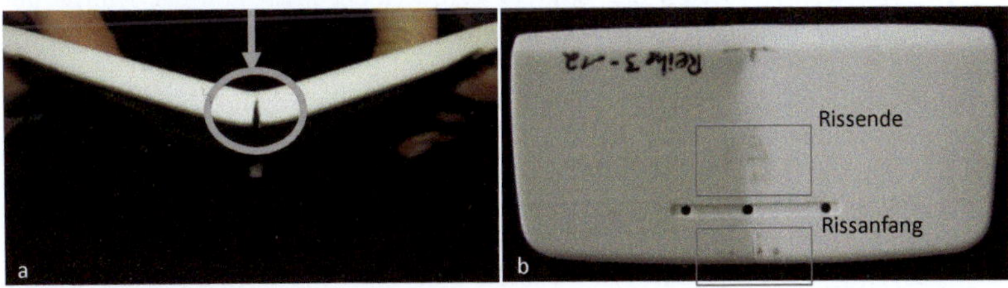

Bild 8.1: Biegebeanspruchung und Versagen des Bauteils „Abdeckung Mittelkonsole".

Für die Betrachtung einer zielgerichteten Bauteilherstellung wurden eine 45°-und 90°-Orientierung für das Bauteil gewählt (s. Bild 8.2), wobei die energetischen Verhältnisse im Fertigungsprozess vergleichbar bleiben sollten (Prozess: Volumenenergiedichte $E_{V,S2}$ nach Tabelle 4.2; Materialtyp: PA2200). Da auch der thermische Zustand von Volumenelementen im Pulverbett die Abmessungen der im Bauteil umgesetzten Grenzschichten und Volumenelemente bestimmt (s. Abschnitt 5.2 und Bild 6.3), wurde als Referenz zu den geometrisch definierten Prozessbedingungen eine 45° orientierte Bauteilvariante mit höherer Volumenenergiedichte $E_{V,S4}$ nach Tabelle 4.2 im Belichtungsprozess generiert. Die spezifischen Schichtstrukturen der Bauteile, y90/$E_{V,S2}$, y45/$E_{V,S2}$ und y45/$E_{V,S4}$, werden im Überblick in Bild 8.2 dargestellt.

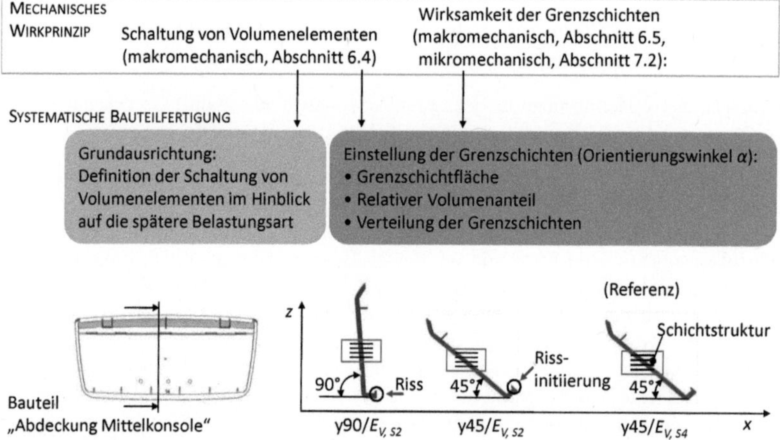

Bild 8.2: Schichtstrukturen der Bauteile basierend auf geometrisch und thermisch definierten Prozessbedingungen.

Das Versagensverhalten der Bauteile „Abdeckung Mittelkonsole" wurde unter dynamischer Biegebeanspruchung mit dem in Bild 4.8 dargestellten Lastprofil aufgezeichnet. Die Beschreibung des Ermüdungsverhaltens im Laststeigerungsverfahren (s. Abschnitt 4.2.2) erfolgte dabei über die Durchbiegung in Abhängigkeit der Schwingspielzahlen sowie über den Bruch des Bauteils.

Das jeweilige Ermüdungsverhalten geht aus der Gegenüberstellung in Bild 8.3 hervor. Beim Vergleich des Ermüdungsverhaltens der Bauteile mit den Schichtstrukturen y90/$E_{V,S2}$ und y45/$E_{V,S2}$ fällt zunächst das frühere Versagen der Bauteile mit einer y45/$E_{V,S2}$-Schichtstruktur in Laststufe 4 bei einer mittleren Schwingspielzahl von etwa 170 000 auf. Die Bauteile mit der y90/$E_{V,S2}$-Schichtstruktur versagen im Mittel erst zu Beginn der 5. Laststufe bei einer Schwingspielzahl von 195 000. Weiterhin ist zu bemerken, dass sich der Riss in den Bauteilen der Schichtstruktur y45/$E_{V,S2}$ in einem größerem Ausmaß fortgepflanzt hat. Was das Verformungsverhalten der Bauteile betrifft, so zeigen die 90° orientierten Bauteile der Schichtstruktur $y90/E_{V,S2}$ eine geringere Durchbiegung gegenüber den 45° orientierten Bauteilen der Schichtstruktur $y45/E_{V,S2}$ bei vergleichbaren Schwingspielzahlen und Belastungen. Die Durchbiegung der Bauteile streut bis zur Laststufe 4 wenig. Die Werkstoffschädigung nimmt danach deutlich zu und die Dehnung eignet sich nicht mehr für vergleichende Betrachtungen.

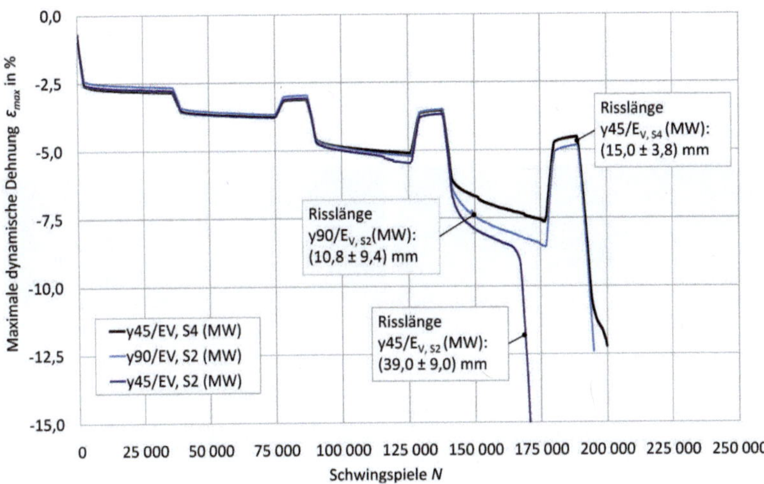

Bild 8.3: Maximale Durchbiegung der Bauteile mit den Schichtstrukturen $y90/E_{V,S2}$, $y45/E_{V,S2}$ und $y45/E_{V,S4}$ in Abhängigkeit der Schwingspiele im Laststeigerungsverfahren.

Bei der rasterelektronenmikroskopischen Analyse der Bruchflächen des Rissbeginns (s. Bild 8.4) wird die duktile Verformung des lasergesinterten Materials an verschiedenen Zipfelformen und Verstreckungen um die Fehlstellen ersichtlich. Die Bruchfläche der Schichtstruktur $y90/E_{V,S2}$ zeichnet sich durch deutliche Schwingungsstreifen mit kantigen Stufen zwischen den Bahnen aus, wobei dieses Erscheinungsbild in der Regel das schrittweise Risswachstum bei schlechterer Verformbarkeit des Materials anzeigt. Dagegen lässt die Bruchfläche der Schichtstruktur $y45/E_{V,S2}$ verstärkt grobe Restbrüche und kaum Schwingungsstreifen erkennen. Schwingungsbrüche von besonders duktilen Polymeren zeigen in der Regel keine Schwingungsstreifen mit kantiger Form, sondern vielmehr faltenartige und verrundete Materialfragmente [162]. Damit verdeutlicht sich die größere plastische Verformung des Materials der $y45/E_{V,S2}$-Schichtstruktur.

Wie in Kapitel 7 dargestellt wurde, kann die Risszähigkeit eines lasergesinterten Kunststoffs über die Orientierung der Schichtstruktur definiert werden. Wirkt der Spannungszustand einer Rissspitze auf mehrere Schichten gleichzeitig ein, so zeigt die lasergesinterte Schichtstruktur einen höheren Widerstand gegen Rissausbreitung. Was die energetische Betrachtung der Rissentstehung/-ausbreitung betrifft, so benötigt das Risswachstum in diesem Fall einen höheren Energiebetrag. Wie Bild 8.5 zeigt, gleicht der Fall der Ermüdungsrissausbreitung in der $y45/E_{V,S2}$-Schichtstruktur des Bauteils „Abdeckung Mittelkonsole" der $zx45_{45}$-Struktur des in Abschnitt 7.2.2 geprüften Probekörpers. Die Spannung an der Rissspitze konzentriert sich dabei während des Risswachstums nacheinander auf jeweils eine Schicht. Hingegen muss sich der Riss in der $y90/E_{V,S2}$-Schichtstruktur zu Beginn des Wachstums (s. Bild 8.5) über eine größere Anzahl an Schichten gleichzeitig ausbreiten, was dem Fall des Probekörpers der Schichtstruktur xy0 entspricht. Die xy0-Schichtstruktur zeigte in Abschnitt 7.2.2 den höchsten Thresholdwert ΔK_{th}, der über die Gl. 7.5 mit der für die Rissausbreitung erforderlichen Energie in Relation steht.

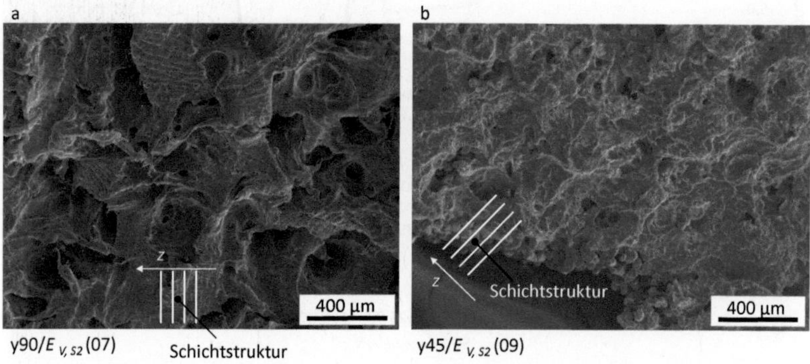

Bild 8.4: Rasterelektronenmikroskopische Aufnahme der Bruchflächen des Rissanfangs. - a) Schichtstruktur: $y90/E_{V,S2}$; b) Schichtstruktur: $y45/E_{V,S2}$.

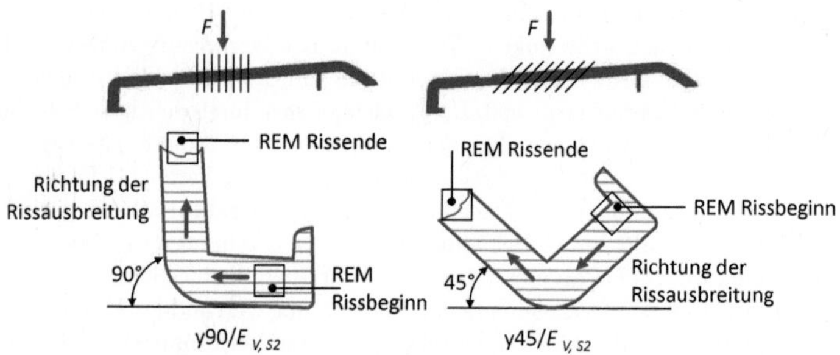

Bild 8.5: Beanspruchung der Schichtstrukturen $y90/E_{V,S2}$ und $y45/E_{V,S2}$ des Bauteils „Abdeckung Mittelkonsole".

Das späte Versagen der y90/$E_{V,S2}$ geschichteten Bauteile sowie die spezifische Duktilität des Bruchs lassen sich also auf die hohe Risszähigkeit und das entsprechende Energieaufnahmevermögen der Schichtstruktur zurückführen. Auch die Bauteile der y45/$E_{V,S4}$-Schichtstruktur versagen gegenüber den y45/$E_{V,S2}$ geschichteten Bauteilen später in Laststufe 5 durch Bruch. Die Länge des Risses, der sich in Bauteilen der y45/$E_{V,S4}$-Schichtstruktur ausbildete, ist vergleichsweise kurz und zeigt die geringste Streuung unter den betrachteten Schichtverbunden. Was die Werkstoffreaktion in Form der Dehnung der Bauteile betrifft, so sind keine signifikanten Unterschiede bis zur 3. Laststufe zu erkennen. In Laststufe 4 nimmt die Streuung der Dehnungswerte je Schichtstruktur deutlich zu. Die Bruchflächen der Bauteile in Bild 8.6 zeigen das plastische Versagen der y45/$E_{V,S4}$-Schichtstruktur verglichen mit der y45/$E_{V,S2}$-Schichtstruktur. Bezogen auf den Porenanteil lassen sich gegenüber der Schichtstruktur y45/$E_{V,S2}$ keine wesentlichen Unterschiede ausmachen. Die Verschiebung des Bauteilversagens auf einen späteren Zeitpunkt wird entsprechend der werkstoffmechanischen Untersuchungen in Kapitel 6 auf die mit der höheren Volumenenergiedichte einhergehende Zunahme des relativen Volumenanteils der Grenzschichten zurückgeführt.

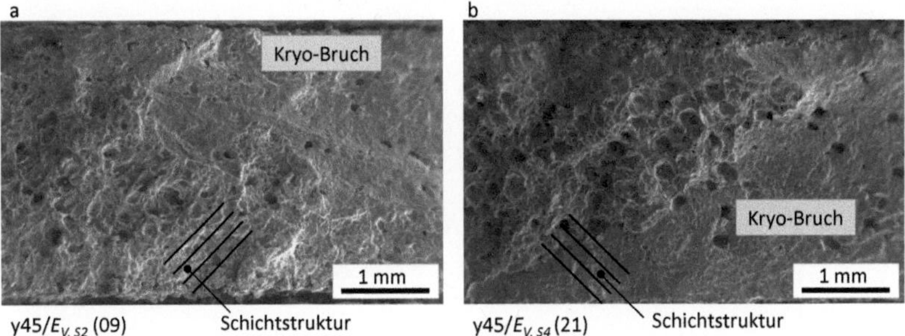

Bild 8.6: Rasterelektronenmikroskopische Aufnahme der Bruchflächen des Rissendes. - a) Schichtstruktur: y45/$E_{V,S2}$; b) Schichtstruktur: y45/$E_{V,S4}$.

Schließlich bleibt festzuhalten, dass die geometrische Definition der Schichtstruktur relativ zur Rissausbreitungsrichtung das Versagensverhalten von Bauteilen wesentlich beeinflusst. Mit der systematischen Bauteilausrichtung (y45/$E_{V,S2}$-Schichtstruktur) konnte offensichtlich ein Leistungsvermögen der Bauteile „Abdeckung Mittelkonsole" erzielt werden, wie es bislang konventionell durch die Erhöhung der Volumenenergiedichte im Belichtungsprozess (y90/$E_{V,S4}$-Schichtstruktur) gelang.

9 Konsequenzen für die Produkt- und Technologieentwicklung

9.1 Zusammenfassung der Untersuchungen

Die hohe Dynamik der Wettbewerbsbedingungen und gesellschaftlichen Anforderungen sowie die zunehmende Heterogenisierung von Kundenwünschen bedingen neben neuen Geschäftsmodellen auch flexible Fertigungstechniken, damit trotz steigender Komplexität eine wirtschaftliche Herstellung von Bauteilen möglich wird. Die Technologie des Lasersinterns, speziell von teilkristallinen Thermoplasten, gilt als relevantes Verfahren für die wirtschaftliche Herstellung von Funktionsprototypen und (End-)Produkten im Stückzahlbereich der Manufaktur und Kleinserien. Aus Sicht der Produktentwicklung des Automobilbaus interessiert vor allem, wie lasergesinterte Kunststoffbauteile gezielt in Kleinserienfahrzeugen angewendet werden können.

Generell zeigen lasergesinterte Bauteile in Funktionsprüfungen anisotropes Verhalten, das scheinbar mit der Schichtstruktur korreliert. Die Ausbildung der Schichtstruktur wird dabei über die Schichtstärke, die Volumenenergiedichte des Laserstrahls und die Ausrichtung der Bauteilgeometrie im Fertigungsprozess definiert. Die bemerkenswerte Reproduzierbarkeit der Bauteileigenschaften je Schichtstrukturvariante führte schließlich zum Ansatz, gültige Gesetzmäßigkeiten von konventionellen Mehrschichtverbunden auf die Reaktion lasergesinterter Kunststoffe bei mechanischer Beanspruchung zu übertragen. Somit stellte die Frage nach dem mechanischen Wirkprinzip der lasergesinterten Schichtverbunde den Ausgangspunkt der Strukturanalyse dar. Konzentrierten sich Werkstoffuntersuchungen bislang auf den relativen Poren- oder Restpartikelanteil im lasergesinterten Kunststoff, so stand die Wirksamkeit der Schichtstruktur bestehend aus den Phasen der Volumenelemente und Grenzschichten im Mittelpunkt der werkstoffmechanischen Strukturanalyse mit Hilfe von Bauteilen und Probekörpern.

Die Ausstattungs- und Derivatevielfalt in der Automobilindustrie liegt darin begründet, die Individualität von Fahrzeugen hervorzuheben. Dabei zum Einsatz kommende Bauteile und Komponenten werden oftmals vom Fahrzeugnutzer optisch und haptisch wahrgenommen. Folglich interessierte die prozesstechnische Beeinflussbarkeit der lasergesinterten Oberflächenstruktur sowie die Auswirkung des typischen Stufeneffektes auf die Ermüdungsfestigkeit von Bauteilen.

Während das Verformungsverhalten mit dem Laststeigerungsverfahren makromechanisch beobachtet wurde, erfolgte im zweiten Teil die mikromechanische Versagensanalyse durch Ermüdungsrissausbreitungsversuche. Die dabei aufgestellten Hypothesen basierten auf der Zug- und Biegebelastung, wobei der Schubanteil in der geschichteten Struktur durch die Bedingungen des Kurzbalkenbiegeversuchs erhöht und damit eine genauere Charakterisierung des Verformungsverhaltens ermöglicht wurde.

Was die Erklärung der Oberflächenunregelmäßigkeiten betrifft, so wurden im Rahmen einer Prozessanalyse thermodynamische Systeme im Pulverbett definiert und deren thermische Zustände mit der linienförmigen Oberflächenstruktur in Beziehung gesetzt. Im Vorfeld durchgeführte Beschichtungsversuche zeigten die aus mechanisch-technologischer Sicht ausreichende Funktionsfähigkeit von Lacken und deren Entwicklungspotential für die Ausbildung ästhetischer Oberflächenattribute. Schließlich erfüllten die dynamischen Langzeitversuche auch den Zweck, die Wirkung des Stufeneffektes auf die mechanischen Bauteileigenschaften zu ermitteln. Es lassen sich folgende Ergebnisse und Ableitungen zusammenfassen:

Entstehung der Oberflächenstruktur Die Abmessungen sowie die Form der Volumenelemente und Grenzschichten resultieren im Wesentlichen aus dem thermischen Zustand der Pulverschichten im additiven Bauprozess. Findet eine erhöhte Wärmeabgabe des Systems „Schicht" beispielsweise aufgrund verlängerter Prozesszeiten aufeinanderfolgender Schichten statt, so lassen sich linienförmige Oberflächensprünge erkennen, die eine erste makroskopische Charakterisierung der lasergesinterten Schichtstruktur ermöglichen. Oberflächenlinien werden bereits bei der virtuellen Auslegung des Fertigungsprozesses über die Orientierung/Positionierung von Bauteilgeometrien definiert. Der so vorbereitete Bauauftrag beschreibt den Verlauf der Prozesszeiten und der Überlagerungsmuster von Kontur- und Filllaserbahnen in z-Richtung. Als weitere Einflussgröße wurde die im Hinblick auf die lokale Pulverbetttemperatur unpassende Wärmezufuhr durch die Heizungsregelung identifiziert. Dazu trägt auch die Einrichtung der Temperaturmessung sowie die thermische Trägheit des Pulverbetts bei.

Werkstoffmechanische Relevanz der Oberflächenstruktur Wie die makromechanische Strukturanalyse zeigte, beeinträchtigen die typischen Oberflächenlinien sowie Treppenstufen der Oberfläche die mechanischen Eigenschaften der lasergesinterten Bauteile bei dynamischer Langzeitbelastung nicht.

Anisotropie Das anisotrope Bauteilverhalten wird auf das spezifische und voneinander unterschiedliche Deformationsvermögen von Volumenelementen und Grenzschichten zurückgeführt. Gesetzmäßigkeiten, die das mechanische Zusammenwirken von Komponenten mehrschichtiger Werkstoffsysteme beschreiben, lassen sich auch bei lasergesinterten Schichtstrukturen anwenden. Die Parallel-/Reihenschaltung von Volumenelementen und Grenzschichten bei Beanspruchung bestimmt das Leistungsvermögen eines Bauteils.

Einfluss der Grenzschichten In der makromechanischen Analyse zeigten sich Grenzschichten, entgegen bisheriger Vermutungen, immer weniger als Schwachstelle. Vielmehr wurde gefolgert, dass Grenzschichten einen wesentlichen Beitrag zur Ermüdungsfestigkeit lasergesinterter Schichtverbunde leisten. Die mechanischen Eigenschaften von Bauteilen können in Abhängigkeit der Beanspruchung durch die Vergrößerung der belasteten Grenzschichtfläche, durch die Erhöhung des relativen Volumenanteils und die feinere Verteilung von Grenzschichten optimiert werden.

Risszähigkeit Weiterhin verdeutlichte die mikromechanische Analyse mit Ermüdungsrissausbreitungsversuchen die vorteilhafte Heterogenität von Volumenele-

menten und Grenzschichten im Hinblick auf die Risszähigkeit und Schwingungs-
dämpfung. So kann der lokalen Rissentstehung und -ausbreitung mit einer im
Bauteil gezielt umgesetzten Schichtstruktur ein höherer Widerstand entgegensetzt
werden, vorausgesetzt Volumenelemente und Grenzschichten weisen eine ausreichend hohe Kohäsionsfestigkeit auf. Je größer die Anzahl der Phasen, die von der
Spannungskonzentration an der Rissspitze beansprucht werden, desto höher die
Risszähigkeit der Schichtstruktur. Exemplarisch verlängerte sich die Lebensdauer
von Bauteilen mit einer zweckgerichteten Schichtstruktur in gleicher Weise wie sie
durch die Erhöhung der Volumenenergiedichte des Laserstrahls möglich gewesen
wäre.

9.2 Schlussfolgerungen

Die Bedeutung der gewonnenen Erkenntnisse für die Produkt- und Technologieentwicklung lässt sich wie folgt darstellen:

Produktentwicklung   Die Anwendung von lasergesinterten Kunststoffen in Bauteilen eines Serienfahrzeugs kann auf Basis der analysierten Wirkmechanismen lasergesinterter Schichtverbunde zielgerichteter erfolgen. So lässt sich die Reproduzierbarkeit
und das mechanische Leistungsvermögen von lasergesinterten Bauteilen optimieren,
indem Variablen der Schichtstruktur durch Ausrichtung und Positionierung der
Bauteilgeometrie sowie durch Wahl der Schichtstärke definiert werden:

Ausrichtung der Bauteilgeometrie Erstens geht es darum, mit der Ausrichtung
  einer Bauteilgeometrie im Fertigungsprozess die Schaltung von Volumenelementen und Grenzschichten in Abhängigkeit der Beanspruchung des Bauteils im
  Serieneinsatz festzulegen. Zweitens kann die Risszähigkeit der lasergesinterten
  Schichtstruktur durch das Verhältnis von Schichtungs- und Rissausbreitungsrichtung erhöht werden. Dazu ist es notwendig, im Vorfeld die Stelle zu kennen, an
  der der Riss vorzugsweise initiiert wird. Drittens besteht die Möglichkeit, den
  relativen Volumenanteil der Grenzschichten infolge einer genaueren Orientierung
  der Schichtstruktur im Bauteil zu berücksichtigen.

Positionierung der Bauteilgeometrie Mit der Zusammenstellung des Bauprozesses erfolgt die Wahl der z-Koordinate, die sowohl für die Anzahl der Schichten
  als auch für die thermischen Bedingungen im Fertigungsprozess maßgebend ist
  (s. Bild 5.26). Genau genommen sollte die Prozesszeit über die Schichten in
  z-Richtung möglichst homogen verlaufen. Eine Möglichkeit besteht darin, den
  Bauraum in Ebenen einzuteilen, die mit einer definierten Zahl von Bauteilen gefüllt
  werden und sich in gleicher Weise über die z-Höhe des Bauraums wiederholen. Beginnt die Schichtung der Bauteile auf identischer z-Höhe, so bestehen die Bauteile
  aus Volumenelementen gleicher Anzahl und Form. Von der Anordnung der Bauteilgeometrien im Bauraum hängt insbesondere die linienförmige Oberflächenstruktur
  eines lasergesinterten Bauteils ab, die sich praktisch mit derzeit existierenden
  Anlagen und Materialien nicht eliminieren lässt.

Schichtstärke Während die Schichtstärke und damit die Verteilung der Grenzschichten bei einer Zugbelastung vernächlässigbar sind, sollten beide Prozessparameter bei Biegung des Schichtverbundes beachtet werden, da die mechanischen Eigenschaften eines auf Biegung beanspruchten Bauteils wesentlich von der Homogenität der geschichteten Struktur beeinflusst werden.

Was wissenschaftliche Arbeiten betrifft, so wird die Fortsetzung der Werkstoffmodellierung mit dem Ziel der Simulation des Verformungs- und Versagensverhaltens als notwendig erachtet. Damit können beispielsweise Prognosen der Bauteileigenschaften sowie die schnellere und kostengünstigere Auslegung des Fertigungsprozesses möglich werden. Vor allem sollten die in der Arbeit verifizierten Hypothesen in gültige Gesetzmäßigkeiten einschließlich der Quantifizierung der Zusammenhänge zwischen Verformung und Schichtstruktur umgewandelt werden. Im Rahmen der Qualitätssicherung erscheint die Weiterverfolgung der Schub- oder Scherbeanspruchung des lasergesinterten Schichtverbundes als zweckmäßig. Darüber hinaus sollten die spezifischen Eigenschaften von Grenzschichten und Volumenelementen auf mikroskopischer Ebene näher charakterisiert werden.

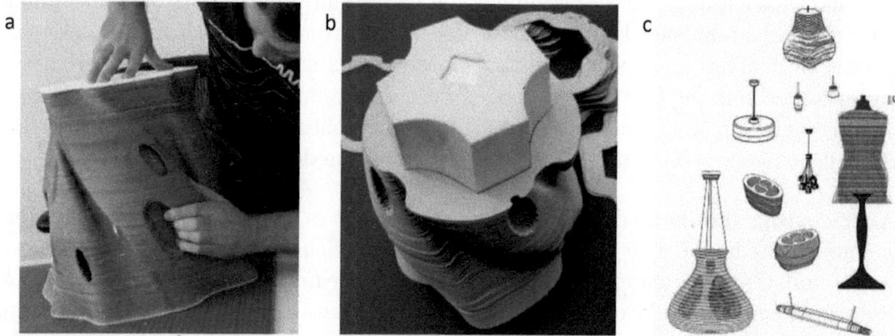

Bild 9.1: Systematisch geschichtete Skulpturen der „Digital Couture"-Kollektion von Weizenegger [163]. - a) Platzierung der Schichten im Gesamtobjekt; b) Nummerierung der Schichten; c) Transfer des Schichtungsprinzips auf andere Objekte.

Bei den Skulpturen der „Digital Couture"-Kollektion von Weizenegger [163] handelt es sich um Experimente mit aufwendig geplanten Schichtungen eines Materials. Die einzelnen Schichten wurden dabei eindeutig nummeriert und im Objekt verknüpft. (s. Bild 9.1). Analog ist ein definiertes Eigenschaftsprofil eines Bauteils über die Kombination von Volumenelementen und Grenzschichten zu erreichen, indem der Fertigungsprozess virtuell und die energetischen Bedingungen der Verarbeitung vor dem Start des Fertigungsprozesses geplant werden. In Bezug auf lasergesinterte Serienbauteile bedarf es dafür neben der Entwicklung von werkstoffmechanischen Gesetzmäßigkeiten auch einer Visualisierung der in Volumenelemente zerlegten Bauteilgeometrie, damit die lasergesinterte Schichtstruktur zielgerichtet im entsprechenden Bauteil integriert werden kann.

Technologieentwicklung Im Hinblick auf die Weiterentwicklung der Lasersintertechnologie wird oftmals nach einem besseren Verständnis der physikalischen Vorgänge im Herstellungsprozess gefragt [117]. Die ablaufenden Teilprozesse während der Bauteilfertigung scheinen sich aufgrund der Komplexität bislang einer quantitativen Beschreibung zu entziehen. Wie die makroskopische Untersuchung der Oberflächenausbildung zeigte, weisen Oberflächensprünge lasergesinterter Bauteile direkt auf veränderte thermische Zustände des Pulverbetts während des Baufortschritts in z-Richtung hin. Deshalb stellt die linienförmige Oberflächenstruktur ein geeignetes Merkmal für die Prozessanalyse dar. Für neue Ansätze in der Material- und Prozessentwicklung bleibt der Zusammenhang zwischen den thermischen Prozessbedingungen, die stets eine Folge der zeitabhängigen Zu- und Abfuhr von Wärmeenergie sind, und der mikroskopischen Ausbildung von Volumenelementen und Grenzschichten besonders bedeutend und sollte tiefergehend untersucht werden.

Mit der Einteilung des Pulverbetts beispielsweise in lokale und globale Systeme unterschiedlicher Heterogenität, können Prozesse des Wärmetransports vereinfacht werden. Ein Augenmerk muss dabei auf den gesamten Fertigungsprozess gelegt werden: Sowohl die sich über die Baufortschrittsrichtung z ändernden Wärmeströme als auch der Verlauf der Prozesszeiten bestimmen die Temperaturen der im Rahmen der Untersuchung definierten Systeme im Pulverbett. Vertiefte Grundlagenkenntnisse zur Oberflächenausbildung sind schließlich die Voraussetzung für eine Neugestaltung der Anlagentechnik vor allem der Einrichtungen zur Temperaturregelung, damit eine homogenere Wärmeverteilung im Bauprozess möglich wird.

A Anhang

Verformungsverhalten bei quasistatischer Kurzzeitbelastung

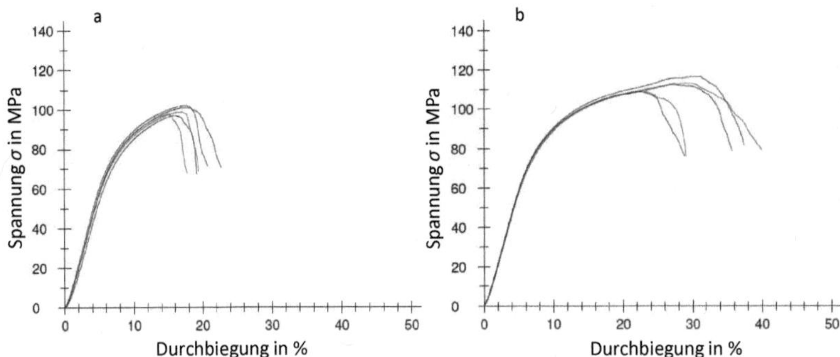

Bild A.1: Im Kurzbalken-Biegeversuch (nach DIN EN 2563) ermittelte mechanische Eigenschaften von lasergesintertem PA 12 (Methodik s. Abschnitt 4.2.2. - a) Schichtstruktur: y90/0,15; b) Schichtstruktur: y90/0,10.

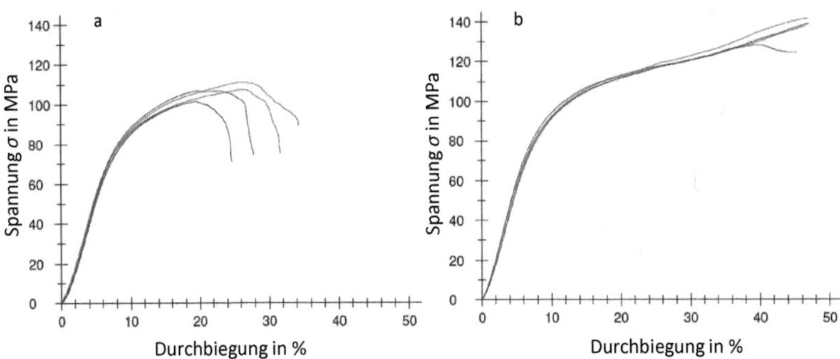

Bild A.2: Im Kurzbalken-Biegeversuch (nach DIN EN 2563) ermittelte mechanische Eigenschaften von lasergesintertem PA 12 (Methodik s. Abschnitt 4.2.2.) - a) Schichtstruktur: y0/0,15; b) Schichtstruktur: y0/0,10.

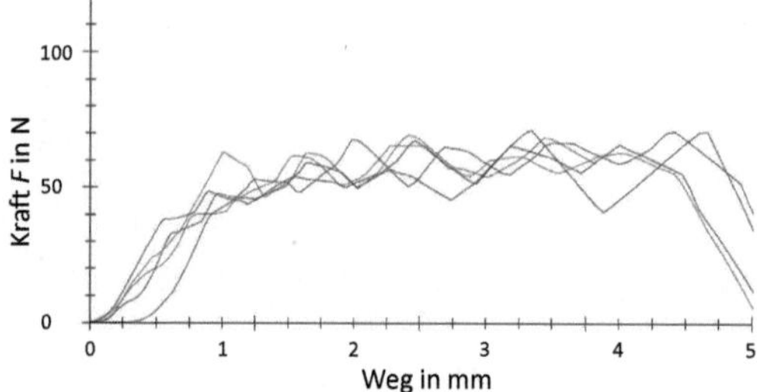

Bild A.3: Verlauf der Haltekraft von lasergesinterten Schnappverbindungen, die mit einer 0°-Orientierung im Fertigungsprozess hergestellt wurden.

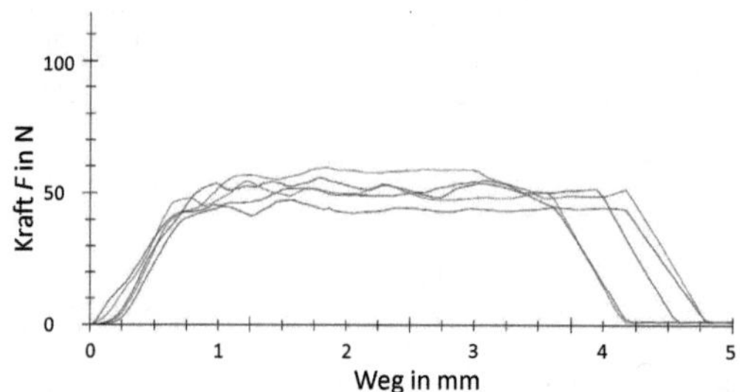

Bild A.4: Verlauf der Haltekraft von lasergesinterten Schnappverbindungen, die mit einer 90°-Orientierung im Fertigungsprozess hergestellt wurden.

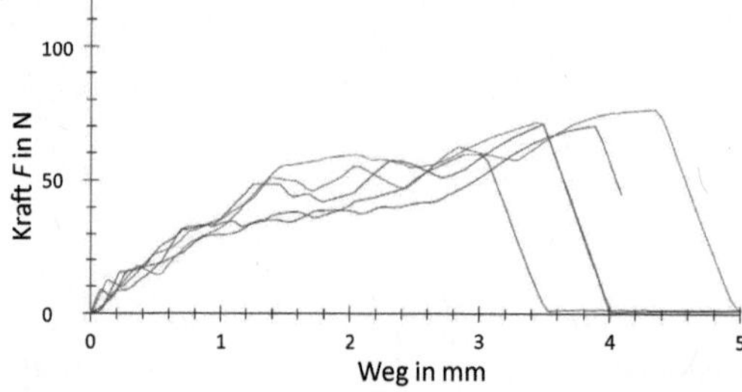

Bild A.5: Verlauf der Haltekraft von lasergesinterten Schnappverbindungen, die mit einer 45°-Orientierung im Fertigungsprozess hergestellt wurden.

EDX-Analyse

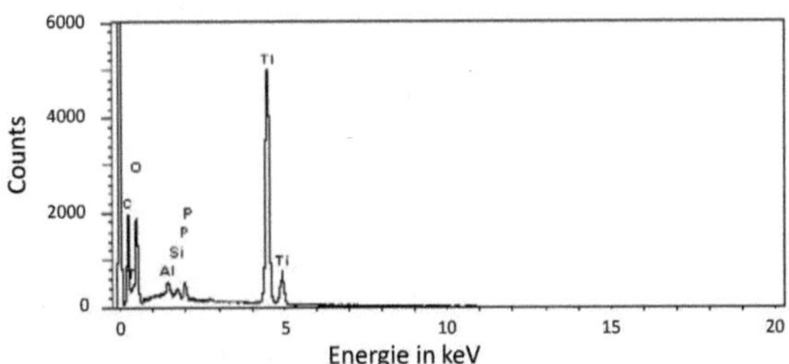

Bild A.6: Energiedispersive Röntgenspektroskopie (EDX; Punktmessung) bei gesintertem PA 12 (Materialtyp: PA2200).

Verformungsverhalten bei dynamischer Langzeitbelastung

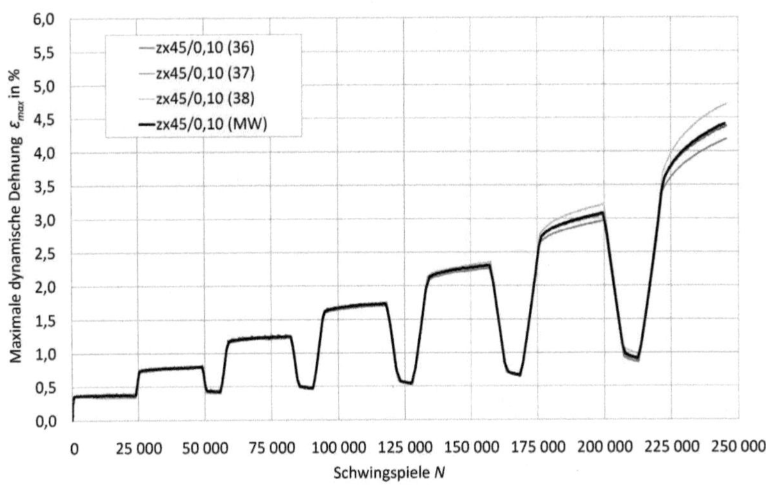

Bild A.7: Maximale dynamische Dehnung in Abhängigkeit der Schwingspiele: Schichtstruktur zx45/0,10 (Zugbeanspruchung).

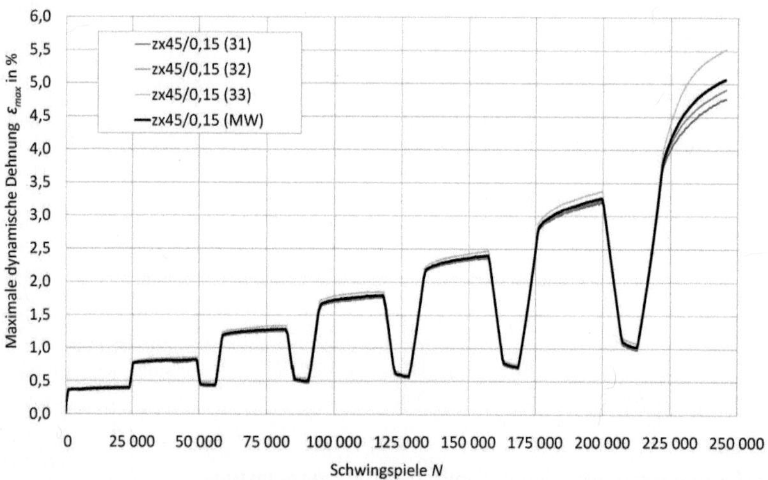

Bild A.8: Maximale dynamische Dehnung in Abhängigkeit der Schwingspiele: Schichtstruktur zx45/0,15 (Zugbeanspruchung).

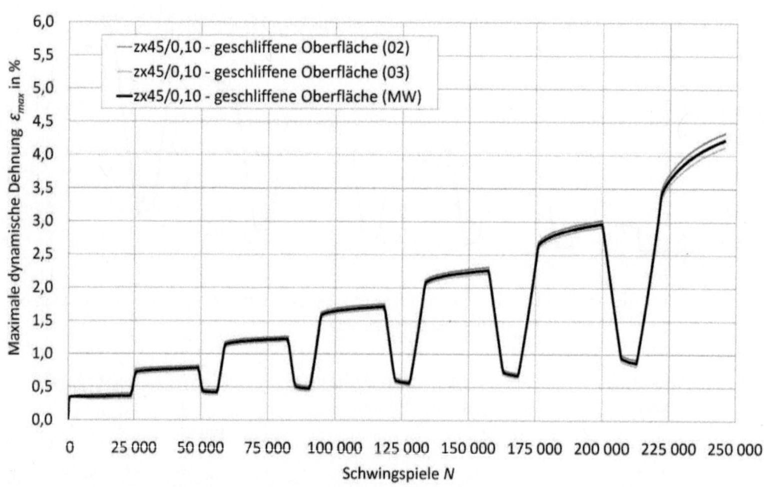

Bild A.9: Maximale dynamische Dehnung in Abhängigkeit der Schwingspiele: Schichtstruktur zx45/0,10 - geschliffene Oberfläche (Zugbeanspruchung).

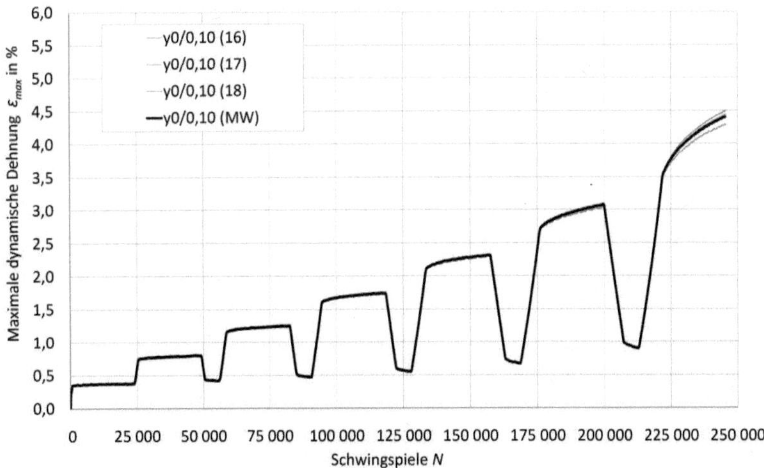

Bild A.10: Maximale dynamische Dehnung in Abhängigkeit der Schwingspiele: Schichtstruktur y0/0,10 (Zugbeanspruchung).

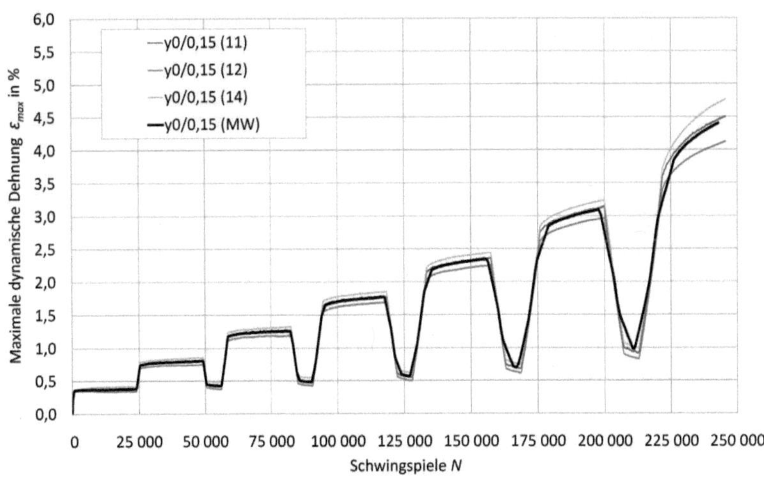

Bild A.11: Maximale dynamische Dehnung in Abhängigkeit der Schwingspiele: Schichtstruktur y0/0,15 (Zugbeanspruchung).

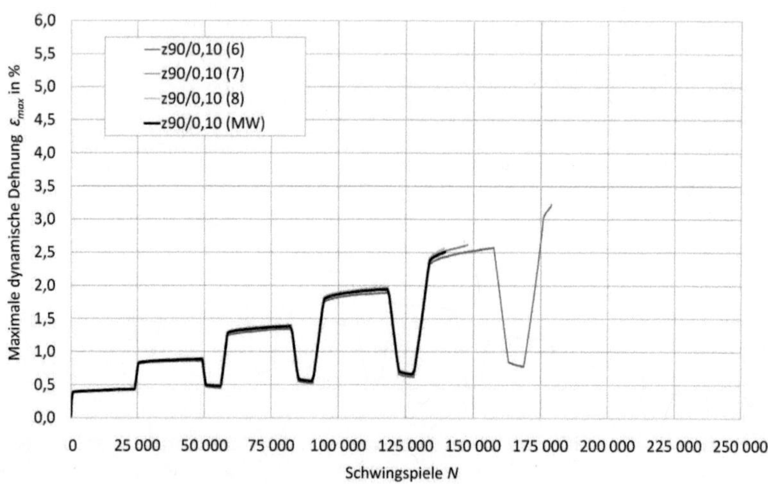

Bild A.12: Maximale dynamische Dehnung in Abhängigkeit der Schwingspiele: Schichtstruktur z90/0,10 (Zugbeanspruchung).

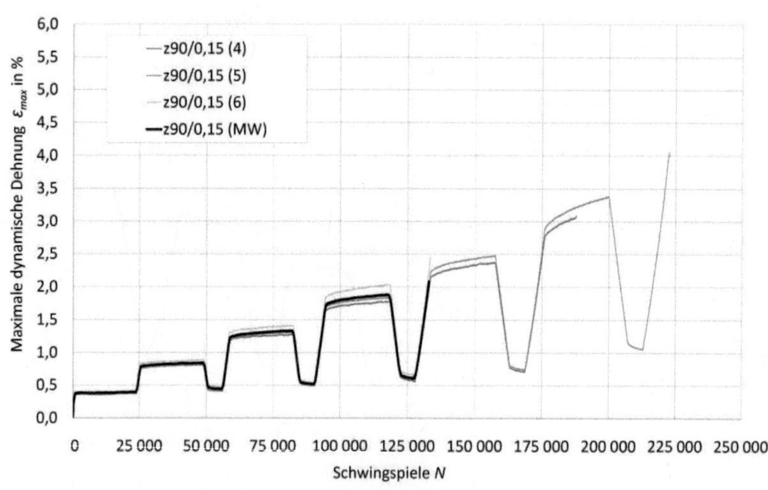

Bild A.13: Maximale dynamische Dehnung in Abhängigkeit der Schwingspiele: Schichtstruktur z90/0,15 (Zugbeanspruchung).

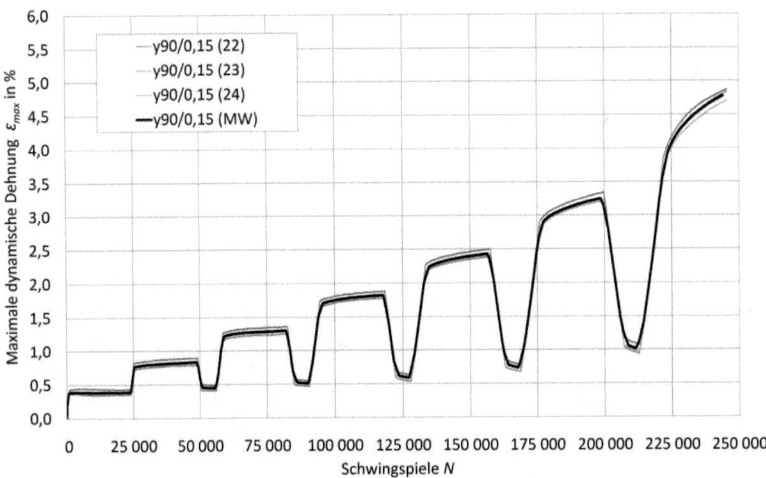

Bild A.14: Maximale dynamische Dehnung in Abhängigkeit der Schwingspiele: Schichtstruktur y90/0,15 (Zugbeanspruchung).

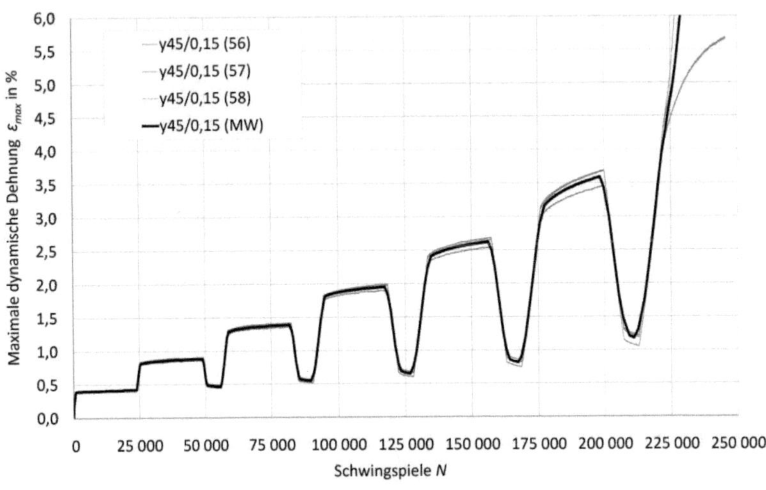

Bild A.15: Maximale dynamische Dehnung in Abhängigkeit der Schwingspiele: Schichtstruktur y45/0,15 (Zugbeanspruchung).

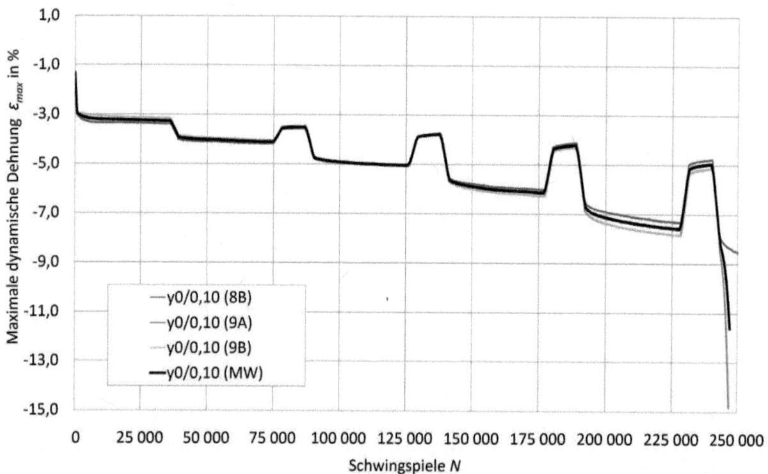

Bild A.16: Maximale dynamische Dehnung in Abhängigkeit der Schwingspiele: Schichtstruktur: y0/0,10 (Biegebeanspruchung).

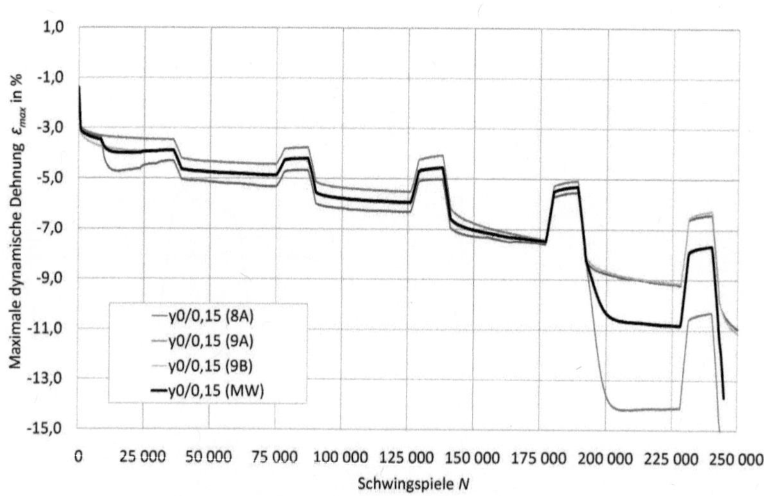

Bild A.17: Maximale dynamische Dehnung in Abhängigkeit der Schwingspiele: Schichtstruktur y0/0,15 (Biegebeanspruchung).

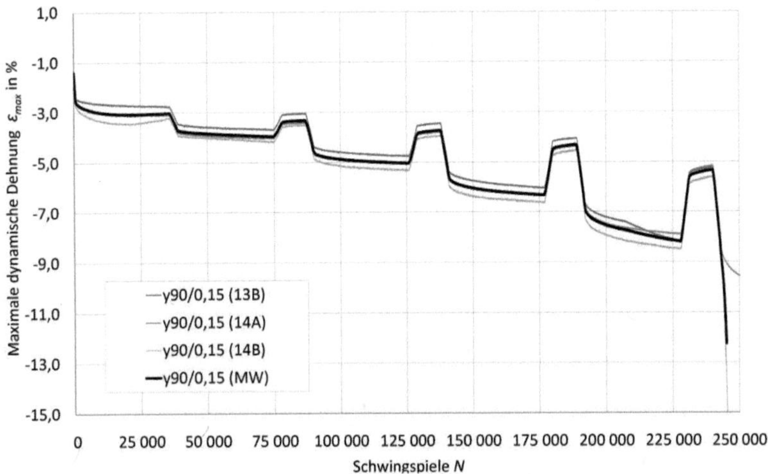

Bild A.18: Maximale dynamische Dehnung in Abhängigkeit der Schwingspiele: Schichtstruktur y90/0,10 (Biegebeanspruchung).

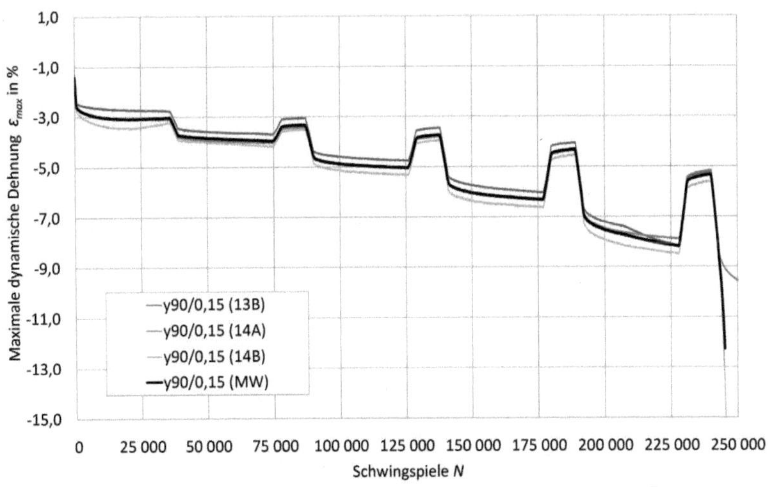

Bild A.19: Maximale dynamische Dehnung in Abhängigkeit der Schwingspiele: Schichtstruktur y90/0,15 (Biegebeanspruchung).

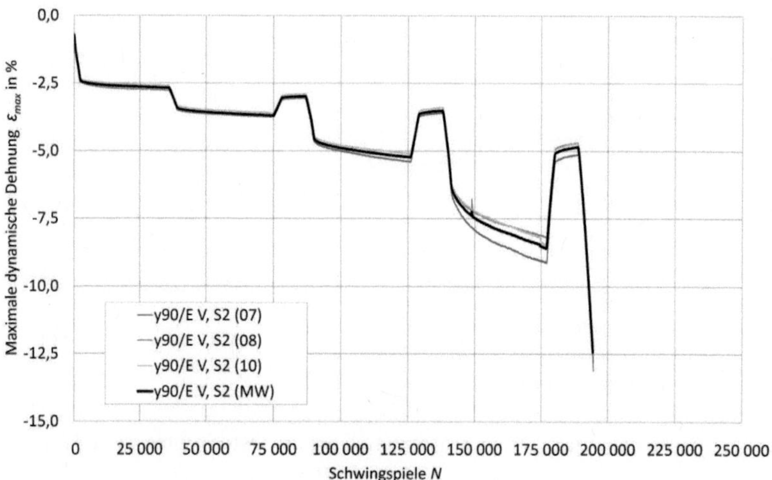

Bild A.20: Maximale dynamische Dehnung in Abhängigkeit der Schwingspiele: Schicht-struktur $y90/E_{V,S2}$ (Biegebeanspruchung Bauteil).

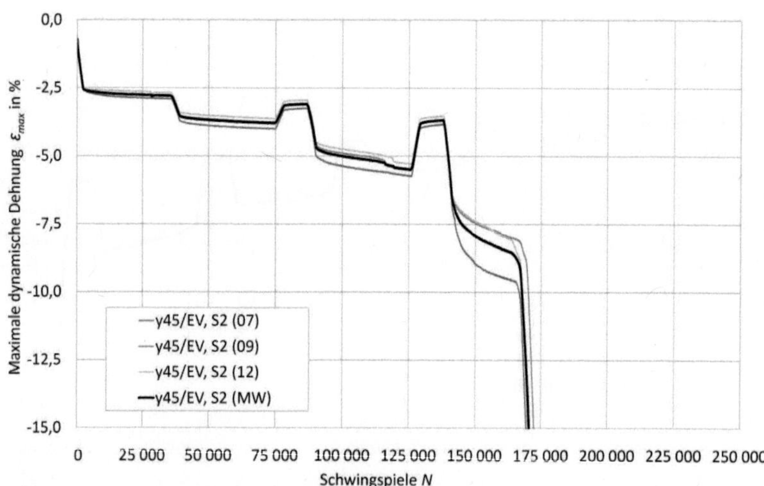

Bild A.21: Maximale dynamische Dehnung in Abhängigkeit der Schwingspiele: Schicht-struktur $y45/E_{V,S2}$ (Biegebeanspruchung Bauteil).

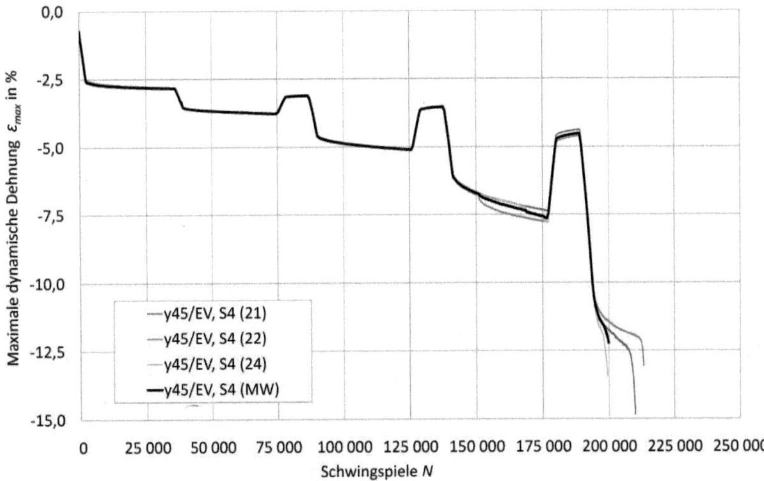

Bild A.22: Maximale dynamische Dehnung in Abhängigkeit der Schwingspiele: Schicht-struktur y45/$E_{V,S4}$ (Biegebeanspruchung Bauteil).

Literatur

[1]   HART, C. W. L.: Mass customization: conceptual underpinnings, opportunities and limits. In: *International Journal of Service Industry Management* 6 (1995), Nr. 2, S. 36–45

[2]   PILLER, F. T.: *Mass Customization*. 2. Aufl. Deutscher Universitäts-Verlag, Wiesbaden 2001

[3]   BMW AG: *BMW Group Geschäftsbericht 2009*. BMW AG, München 2010

[4]   BMW AG: *BMW Group Geschäftsbericht 2000*. BMW AG, München 2001

[5]   BMW AG: *BMW Group Geschäftsbericht 2010*. BMW AG, München 2011

[6]   TIEMANN, K.; KRAMPFL, A.: *Rolls-Royce mit Rekordabsatz im Jahr 2010*. BMW Group News (BMW Group Intranet), BMW AG, München 2011

[7]   DURAY, R.: Mass customization origins: mass or custom manufacturing? In: *International Journal of Operations & Production Management* 22 (2002), Nr. 3, S. 314–328

[8]   *Kapitel* Führungskonzepte im Wandel. In: BULLINGER, H.-J. (Hrsg.); SPATH, D. (Hrsg.); WARNECKE, H.-J. (Hrsg.); WESTKÄMPER, E. (Hrsg.): *Handbuch Unternehmensorganisation: Strategien, Planung, Umsetzung*. 3. Aufl. Springer, Berlin/Heidelberg 2009

[9]   YUSUF, Y.Y.; ADELEYE, E.O.; SIVAYOGANATHAN, K.: Volume flexibility: the agile manufacturing conundrum. In: *Management Decision* 41 (2003), Nr. 7, S. 613–624

[10]   HACHMOELLER, R.: *Methoden zur Zielkostenerreichung bei innovativen Kaufteilen - Eine theoretische und empirische Untersuchung*. 1. Aufl. TCW Transfer-Centrum GmbH & Co. KG, München 2006

[11]   GERSHENFELD, N.: *Fab, The Coming Revolution on Your Desktop - from Personal Computers to Personal Fabrication*. Basic Books, New York 2005

[12]   GEBHARDT, A.: *Generative Fertigungsverfahren, Rapid Prototyping - Rapid Tooling - Rapid Manufacturing*. 3. Aufl. Hanser, München 2007

[13]   VDI 3404: *Generative Fertigungsverfahren, Rapid-Technologien (Rapid Prototyping) - Grundlagen, Begriffe, Qualitätskenngrößen, Liefervereinbarungen*. Beuth, Berlin 2007

[14] HOPKINSON, N. (Hrsg.); HAGUE, R. J. M. (Hrsg.); DICKENS, P. M. (Hrsg.):
Rapid Manufacturing. John Wiley & Sons, Chichester 2006

[15] ASHBY, M. F.: *Materials selection in mechanical design.* 2. Aufl. Elsevier
Butterworth-Heinemann, Oxford 2004

[16] ASHBY, M.; JOHNSON, K.: *Materials and Design.* 4. Aufl. Elsevier
Butterworth-Heinemann, Oxford 2005

[17] ZÄH, M. F. (Hrsg.): *Wirtschaftliche Fertigung mit Rapid-Technologien.* Hanser,
München/Wien 2006

[18] DECKARD, C. R.: *Selective Laser Sintering.* Dissertation The University of
Texas at Austin 1988

[19] LEBENS, U. J.; WILDEMANN, H. (Hrsg.): *Diskontinuitäten bei Fertigungstechniken: Eine empirische Studie zur Bewältigung von technologischen Diskontinuitäten.* Gesellschaft für Management und Technologie, München 1986

[20] KROELL, M.: *Methode zur Technologiebewertung für eine ergebnisorientierte
Produktentwicklung.* Dissertation Universität Stuttgart 2007

[21] AUGSBURG, M.: *Ein Vorgehensmodell zum Einsatz von Rapid Prototyping
Verfahren für die werkzeuglose Fertigung kleiner Bauteilserien.* Dissertation
Universität Duisburg-Essen 2007

[22] GROOVER, M. P.: *Fundamentals of Modern Manufacturing - Materials, Pro-
cesses, and Systems.* 2. Aufl. John Wiley & Sons, Hoboken 2002

[23] ARTHUR, W. B.: *The Nature of Technology.* Free Press, New York 2009

[24] BLATTMEIER, M.; WITT, G.; WORTBERG, J.; EGGERT, J.; TOEPKER, J.:
Technologische Reife für Endprodukte. In: *Kunststoffe* 11 (2010), S. 105–109

[25] BLATTMEIER, M.; WITT, G.; TOEPKER, J.: Technologische Reife von generativen Herstellungsverfahren für Endanwendungen im Automobilbau. In: *Rapid.
Tech,* Erfurt 2009

[26] TADMOR, Z.; GOGOS, C. G.: *Principles of Polymer Processing.* John Wiley
& Sons, New Jersey 2006

[27] KNOCHE, K.: *Generisches Modell zur Beschreibung von Fertigungstechnologien.*
Dissertation RWTH Aachen 2005

[28] BENZ, S.: *Eine Entwicklungsmethodik für sicherheitsrelevante Elektroniksyste-
me im Automobil.* Dissertation Universität Karlsruhe (TH) 2004

[29] AMADO-BECKER, F.; DIAZ, R. A.; RAMOS-GREZ, J.: Mechanical behavior
of SLS components in relation to the build orientation during the sintering
process as measured by ESPI. In: *Solid Freeform Fabrication Symposium,*
Austin 2006, S. 721–727

[30] BMW GROUP: *BMW Group PressClub Deutschland*, (Version: o. J.). `https://www.press.bmwgroup.com/pressclub/p/de/photoTeaserList.html`. – (Stand: 14.05.2009)

[31] WITT, G.; DERRER, J.-P.; WEGNER, A.; BLATTMEIER, M.: Rapid Manufacturing durch Lasersintern, Anforderungen und erzielbare Endeigenschaften. In: *Fachtagung Additive Fertigung - vom Prototyp zur Serie*, Erlangen 2009

[32] TOEPKER, J.; BLATTMEIER, M.: Voraussetzungen für den Einsatz von Additiven Fertigungsverfahren im Automobilbau. In: *Fachtagung Additive Fertigung - vom Prototyp zur Serie*, Erlangen, 2009

[33] EHRENSTEIN, G. W.; PONGRATZ, S.: *Beständigkeit von Kunststoffen.* Hanser, München 2007

[34] ANDREWS, E. H.: *Fracture in Polymers.* 1. Aufl. Oliver & Boyd, Edingburgh and London 1968

[35] EHRENSTEIN, G. W.: *Polymer-Werkstoffe.* 2. Aufl. Hanser, München/Wien 1999

[36] ROSATO, D.; ROSATO, D.: *Plastics Engineered Product Design.* Elsevier, Oxford 2003

[37] BROSTOW, W. (Hrsg.); CORNELIUSSEN, R. D. (Hrsg.): *Failure of Plastics.* Hanser, München/Wien/New York 1986

[38] MENGES, G.; HABERSTROH, E.; MICHAELI, W.; SCHMACHTENBERG, E.: *Werkstoffkunde Kunststoffe.* 5. Aufl. Hanser, München/Wien 2002

[39] BOUE, A. P.: *Oberflächeneigenschaften von Kunststoffbauteilen.* Dissertation RWTH Aachen 1989

[40] BMW GROUP STANDARD GS 97060-1: *Kraftfahrzeuge, Oberflächen im Kraftfahrzeuginnenraum, Allgemeine Anforderungen.* BMW AG, München 2008

[41] BEWILOGUA, K.; BRÄUER, G.; DIETZ, A.; GÄBLER, J.; GOCH, G.; KARPUSCHEWSKI, B.; SZYSZKA, B.: Surface technology for automotive engineering. In: *CIRP Annals - Manufacturing Technology* 58 (2009), S. 608–627

[42] BLINZLER, M.: *Werkstoff- und prozessseitige Einflussmöglichkeiten zur Optimierung der Oberflächenqualität endlosfaserverstärkter thermoplastischer Kunststoffe.* Dissertation Universität Kaiserslautern 2002

[43] GOLDSCHMIDT, A.; STREITBERGER, H.-J.: *BASF-Handbuch Lackiertechnik.* Vincentz, Hannover 2002

[44] OSSWALD, T. A.; MENGES, G.: *Materials Science of Polymers for Engineers.* 2. Aufl. Hanser, München 2003

[45] EVONIK DEGUSSA GMBH (Hrsg.): *Handhabung und Verarbeitung von Vestamid.* Evonik Degussa GmbH, Marl

[46] DIN EN ISO 527-1: *Kunststoffe, Bestimmung der Zugeigenschaften, Allgemeine Grundsätze.* Beuth, Berlin 1996

[47] DIN EN ISO 527-2: *Kunststoffe, Bestimmung der Zugeigenschaften, Prüfbedingungen für Form- und Extrusionsmassen.* Beuth, Berlin 1996

[48] BMW GROUP STANDARD GS 93016: *Kunststoffe - Thermoplaste - Auswahlliste.* BMW AG, München 2008

[49] BMW GROUP PROZESSVORSCHRIFT PV 92007: *Lackierung von Kunststoffinnenteilen mit laserbarem Dekorlack (Laserlack).* BMW AG, München 2011

[50] BMW GROUP PROZESSVORSCHRIFT PV 98015: *Erzeugung von Glanz- und Matt-Effekt-Oberflächen (Perlglanz-Chrom, Polished-Metal-Finish, Chrome Pearlgrey, Chrom-Seidenmatt) auf Thermoplasten, Stahl und Nichteisenmetalle durch Vernickeln und Verchromen.* BMW AG, München 2007

[51] BRAESS, H.-H. (Hrsg.); SEIFFERT, U. (Hrsg.): *Handbuch Kraftfahrzeugtechnik.* 4. Aufl. Vieweg, Wiesbaden 2005

[52] TP-201-02: *OVSC Laboratory Test Procedure for FMVSS 201, Occupant Protection in Interiour Impact.* U.S. department of transportation, Washington, DC 1989

[53] BUNDES-KRAFTFAHRZEUGSICHERHEITSVORSCHRIFT 49 CFR 571.201: *Schutz der Insassen beim Aufprall gegen die Fahrzeuginnenseite.* Nationale Strassenverkehrssicherheitsbehörde, Verkehrsministerium 2008

[54] BMW GROUP PROZESSVORSCHRIFT PV 06030: *Lackierung von Kunststoffinnenteilen mit Comfortlack.* BMW AG, München 2008

[55] DE BUHR, K.: *Prüfung von Rapid Prototyping Verfahren und Materialien für die Funktionsabsicherung im Bereich des Fahrzeugcockpits (Instrumententafel und Mittelkonsole).* – Unveröffentlichte Diplomarbeit, FH Rosenheim 2010; Betreuer (BMW AG): R. Hucke

[56] BMW GROUP PRÜFVORSCHRIFT PR 309: *Vibrationsprüfung für Ausstattungsteile.* BMW AG, München 1998

[57] BMW GROUP STANDARD GS 97034-1: *Oberflächenprüfung von Kfz-Innenraummaterialien - Hand-Abriebprüfung.* BMW AG, München 2007

[58] BMW GROUP STANDARD GS 97034-2: *Oberflächenprüfung von Kfz-Innenraummaterialien - Fingernageltest.* BMW AG, München 2007

[59] BMW GROUP STANDARD GS 97034-6: *Oberflächenprüfung von Kfz-Innenraummaterialien - Anschmutzverhalten und Reinigungsfähigkeit.* BMW AG, München 2007

[60] BMW GROUP STANDARD GS 97034-9: *Oberflächenprüfung von Kfz-Innenraummaterialien - Kratzprüfung.* BMW AG, München 2008

[61] DIN EN 20105-A02: *Textilien, Farbechtheitsprüfungen, Graumaßstab zur Bewertung der Änderung der Farbe.* Beuth, Berlin 1994

[62] BMW GROUP STANDARD GS 97045-1: *Beschichtungen auf Kunststoffteile, Lackierte Kunststoffteile im Exterieur, Interieur und Motorraum - Prüfumfang, Probenvorbereitung.* BMW AG, München 2009

[63] BMW GROUP STANDARD GS 97045-2: *Beschichtungen auf Kunststoffteile, Lackierte Kunststoffteile im Exterieur, Interieur und Motorraum - Prüfzeugnisse.* BMW AG, München 2009

[64] DIN 8580: *Fertigungsverfahren - Begriffe, Einteilung.* Beuth, Berlin 2003

[65] BOHNET, J.; BERNHARDT, G.: Bessere Oberflächen auf Rapid-Prototyping Werkstücke. In: *Galvanotechnik* 8 (2008), Nr. 99, S. 1884–1891

[66] SCHMID, M.; SIMON, C.; LEVY, G. N.: Finishing of SLS-parts for rapid manufacturing (RM) - a comprehensive approach. In: *Solid Freeform Fabrication Symposium*, Austin 2009

[67] BOHNET, J.: Oberflächenveredelung von generativen Werkstücken. In: *Anwenderforum Fraunhofer*, Stuttgart 2008

[68] SCHÄFER, R.: Chromeffekte ohne Glavanik durch umweltneutrale PVD Metallisierung. In: *Fachtagung Innovative Oberflächen*, Kunststoff Institut Lüdenscheid, Lüdenscheid 2009

[69] LAKE, M. (Hrsg.): *Oberflächentechnik in der Kunststoffverarbeitung.* Hanser, München/Wien 2009

[70] GRUNWALD, M. (Hrsg.); BEYER, L. (Hrsg.): *Der bewegte Sinn.* Birkhäuser, Basel 2001

[71] BMW GROUP PRÜFVORSCHRIFT PR 519: *Topographische Darstellung genarbter Oberflächen.* BMW AG, München 2007

[72] STOUT, K.J.; BLUNT, L.: A contribution to the debate on surface classifications - random, systematic, unstructured, structured and engineered. In: *International Journal of Machine Tools & Manufacture* 41 (2001), S. 2039–2044

[73] ALSCHER, G.: *Das Verhalten teilkristalliner Thermoplaste beim Lasersintern.* Dissertation Universität-GH Essen 2000

[74] RIETZEL, D.; WENDEL, B.; FEULNER, R.; SCHMACHTENBERG, E.: Neue Kunststoffpulver für das Selektive Lasersintern. In: *Kunststoffe* 2 (2008), S. 65-68

[75] NELSON, J. C.: *Selective Laser Sintering: A definition of the process and an empirical sintering model.* Dissertation The University of Texas at Austin 1993

[76] NÖKEN, S.: *Technologie des Selektiven Lasersinterns von Thermoplasten.* Dissertation RWTH Aachen 1997

[77] STEINBERGER, J.: *Optimierung des Selektiven-Laser-Sinterns zur Herstellung von Feingußteilen für die Luftfahrtindustrie.* Dissertation TU München 2001

[78] KUCHLING, H.: *Taschenbuch der Physik.* 17. Aufl. Hanser, München/Wien 2001

[79] KELLER, B.: *Grundlagen zum selektiven Lasersintern von Polymerpulver.* Dissertation Universität Stuttgart, Institut für Kunststoffprüfung und Kunststoffkunde 1998

[80] TONTOWI, A. E.: *Selective Laser Sintering of Crystalline Polymers.* Dissertation The University of Leeds 2000

[81] SUN, M. M.: *Physical modeling of the selective laser sintering process.* Dissertation The University of Texas at Austin 1991

[82] EHRENSTEIN, G.; RIEDEL, G.; TRAWIEL, P.: *Praxis der Thermischen Analyse von Kunststoffen.* 2. Aufl. Hanser, München 2003

[83] *Kapitel* Coalescence of Polymer Particles. In: NARKIS, M.; ROSENZWEIG, N.; MAZUR, S.: *Polymer Powder Technology.* John Wiley & Sons Ltd, Chichester, West Sussex 1995

[84] SCHULTZ, J. P.: *Modeling Heat Transfer and Densification during Laser Sintering of Viscoelastic Polymers.* Dissertation Virginia Polytechnic Institute and State University 2003

[85] KÜHNLEIN, F.; RIETZEL, D.; HÜLDER, G.; DRUMMER, D.: Untersuchungen zum Alterungsverhalten von PA12-Kunststoffpulvern. In: *Rapid.Tech*, Erfurt 2010

[86] SEUL, T.: *Ansätze zur Werkstoffoptimierung beim Lasersintern durch Charakterisierung und Modifizierung grenzflächenenergetischer Phänomene.* Dissertation Universität Duisburg-Essen 2003

[87] WILLIAMS, J. D.; DECKARD, C. R.: Advances in modeling the effects of selected parameters on the SLS process. In: *Rapid Prototyping Journal* 4 (1998), Nr. 2, S. 90–100

[88] AJOKU, U.: *Investigation the compression properties of selective laser sintered nylon 12.* Dissertation Loughborough University 2008

[89] ZARRINGHALAM, H.; MAJEWSKI, C.; HOPKINSON, N.: Degree of particle melt in Nylon-12 selective laser-sintered parts. In: *Rapid Prototyping Journal* 15 (2009), Nr. 2, S. 126–132

[90] ZARRINGHALAM, H.: *Investigating into Crystallinity and Degree of Particle Melt in Selective Laser Sintering.* Dissertation Loughborough University 2007

[91] AJOKU, U.; HOPKINSON, N.; CAINE, M.: Experimental measurement and finite element modelling of the compressive properties of laser sintered Nylon-12. In: *Materials Science and Engineering A* 428 (2006), S. 211–216

[92] MOESKOPS, E.; KAMPERMAN, N.; VAN DE VORST, B.; KNOPPERS, R.: Creep behaviour of polyamide in selective laser sintering. In: *Solid Freeform Fabrication Symposium*, Austin 2009

[93] FAN, K.M.; CHEUNG, W.L.; GIBSON, I.: Movement of powder bed material during the selective laser sintering of bisphenol-A polycarbonate. In: *Rapid Prototyping Journal* 11 (2005), Nr. 4, S. 188–198

[94] CAULFIELD, B.; MCHUGH, P. E.; LOHFELD, S.: Dependence of mechanical properties of polyamide components on build parameters in the SLS process. In: *Journal of Materials Processing Technology* 182 (2007), S. 477–488

[95] ZARRINGHALAM, H.; HOPKINSON, N.; KAMPERMAN, N. F. ; VLIEGER, J. J.: Effects of processing on microstructure and properties of SLS Nylon 12. In: *Materials Science and Engineering A* 435-436 (2006), S. 172–180

[96] AJOKU, U.; SALEH, N.; HOPKINSON, N.; HAGUE, R.; ERASENTHIRAN, P.: Investigating mechanical anisotropy and end-of-vector effect in laser-sintered nylon parts. In: *Proceedings of the Institution of Mechanical Engineers, Part B, Engineering Manufacture* 220 (2006), S. 1077–1086

[97] CHILDS, T. H. C.; BERZINS, M.; RYDER, G. R.; TONTOWI, A.: Selective laser sintering of an amorphous polymer - simulations and experiments. In: *Proceedings of the Institution of Mechanical Engineers, Part B, Engineering Manufacture* 213 (1999), S. 333–349

[98] CAMPBELL, R. I.; MARTORELLI, M.; LEE, H. S.: Surface roughness visualisation for rapid prototyping models. In: *Computer-Aided Design* 34 (2002), S. 717-725

[99] REEVES, P. E.; COBB, R. C.: Reducing the surface deviation of stereolithography using in-process techniques. In: *Rapid Prototyping Journal* 3 (1997), Nr. 1, S. 20–31

[100] XU, F.; WONG, Y. S.; LOH, H. T.; FUH, J. Y. H.; MIYAZAWA, T.: Optimal orientation with variable slicing in stereolithography. In: *Rapid Prototyping Journal* 3 (1997), Nr. 3, S. 76–88

[101] SAUER, A.: *Optimierung der Bauteileigenschaften beim Selektiven Lasersintern von Thermoplasten.* Dissertation Universität Duisburg-Essen 2005

[102] BACCHEWAR, P. B.; SINGHAL, S. K.; PANDEY, P. M.: Statistical modelling and optimization of surface roughness in the selective laser sintering process. In: *Proceedings of the Institution of Mechanical Engineers, Part B, Engineering Manufacture* 221 (2007), S. 35–52

[103] GIBSON, I.; SHI, D.: Material properties and fabrication parameters in selective laser sintering process. In: *Rapid Prototyping Journal* 3 (1997), Nr. 4, S. 129–136

[104] JAIN, P. K.; PANDEY, P. M.; RAO, P. V . M.: Effect of delay time on part strength in selective laser sintering. In: *International Journal of Advanced Manufacturing Technology* 43 (2009), S. 117–126

[105] GRIESSBACH, S.; LACH, R.; GRELLMANN, W.: Kleinserienfertigung hochfester Kunststoffbauteile. In: *Kunststoffe* 98 (2008), S. 29–32

[106] HOOREWEDER, B. V.; CONINCK, F. D.; MOENS, D.; BOONEN, R.; SAS, P.: Microstructural characterization of SLS-PA12 specimens under dynamic tension/compression excitation. In: *Polymer Testing* 29 (2010), S. 319–326

[107] EOS GMBH: *Parameterblatt: Maschinen-, Softwareparameter FORMIGA P1, EOSINT P3, EOSINT P7 / PSW 3.3.* Ausgabe 07.08, EOS GmbH, Krailling/München 2008

[108] EOS GMBH: *Schulungsdokumentation FORMIGA P 100.* Ausgabe 11.07, EOS GmbH, Krailling/München 2007

[109] DE 10 2005 015 870 B3: *Vorrichtung und Verfahren zum Herstellen eines dreidimensionalen Objekts.* (2006) EOS GmbH

[110] DE 10 2005 024 790 A1: *Strahlungsheizung zum Heizen des Aufbaumaterials in einer Lasersintervorrichtung.* (2008) EOS GmbH

[111] DE 10 2006 055 055 A1: *Vorrichtung zum schichtweisen Herstellen eines dreidimensionalen Objekts.* (2008) EOS GmbH

[112] EOS GMBH: *Desktop-PSW 3.3 FORMIGA P 100.* Ausgabe 02.08, EOS GmbH, Krailling/München 2008

[113] EOS GMBH: *Maschine - FORMIGA P 100.* Ausgabe 02.08, EOS GmbH, Krailling/München 2008

[114] US 005 155 324A: *Method for selective Laser Sintering with layerwise cross-scanning.* (1992) Deckard, C.R. u. a.

[115] TRAUB, H.: *Optimierung der Oberflächenqualität von generativ hergestellten Kunststoffbauteilen.* – Unveröffentlichte Bachelor-Thesis, Hochschule Esslingen 2010; Betreuerin (BMW AG): M. Blattmeier

[116] SCHRICKEL, F.: *Identifikation von Zielwerten zur Prozessoptimierung generativer Kunststoffverfahren.* – Unveröffentlichte Diplomarbeit, TU Ilmenau 2009; Betreuerin (BMW AG): M. Blattmeier

[117] BOURELL, D. L.; LEU, M. C.; ROSEN, D. W.: Roadmap for Additive Manufacturing - Identifying the Future of Freeform Processing, The University of Texas at Austin, Laboratory for Freeform Fabrication, Austin 2009

[118] WORTBERG, J.: *Qualitätssicherung in der Kunststoffverarbeitung.* Hanser, München/Wien 1996

[119] CHOREN, J.; GERVASI, V.; HERMAN, T.; KAMARA, S.; MITCHELL, J.: SLS Powder Life Study. In: *Solid Freeform Fabrication Symposium.* Austin 2001, S. 39-44

[120] DOTCHEV, K.; YUSOFF, W.: Recycling of polyamide 12 based powders in the laser sintering process. In: *Rapid Prototyping Journal* 15 (2009), S. 192-203, Nr. 3

[121] GORNET, T. J.; DAVIS, K. R.; STARR, Dr. T. L.; MULLOY, K. M.: Characterization of selective laser sintering materials to determine process stability. In: *Solid Freeform Fabrication Symposium,* Austin 2002

[122] DRUMMER, D.; KÜHNLEIN, F.: *Alterungsuntersuchungen PA 12.* – Unveröffentlichter Bericht, Friedrich-Alexander-Universität Erlangen-Nürnberg 2009; angefordert von BMW AG, M. Blattmeier

[123] GRELLMANN, W. (Hrsg.); SEIDLER, S. (Hrsg.): *Kunststoffprüfung.* Hanser, München/Wien 2005

[124] HELLERICH, W.; HARSCH, G.; HAENLE, S.: *Werkstoff-Führer Kunststoffe: Eigenschaften, Prüfungen, Kennwerte.* 9. Aufl. Hanser, München/Wien 2004

[125] FISCHER, F.; GÖTZ, C.: *Charakterisierung von lasergesinterten Polyamiden unter schwingender Last (Teilprojekt I bis V).* – Unveröffentlichte Berichte, Universität Bayreuth 2009/2010; angefordert von BMW AG, M. Blattmeier

[126] DIN 50100: *Werkstoffprüfung, Dauerschwingversuch - Begriffe, Zeichen, Durchführung, Auswertung.* Beuth, Berlin/Köln 1978

[127] ISO 13586: *Plastics, Determination of fracture toughness (G_{IC} and K_{IC}), Linear elastic fracture mechanics (LEFM) approach.* Beuth, Berlin 2000

[128] ASTM E 399-90: *Standard Test Method for Plane-Strain Fracture Toughness of Metallic Materials.* ASTM, West Conshohocken 1997

[129] RAMSTEINER, F.; ARMBRUST, T.: Fatigue crack growth in polymers. In: *Polymer Testing* 20 (2001), S. 321-327

[130] DIN EN 2563: *Kohlenstoffaserverstärkte Kunststoffe - Unidirektionale Laminate - Bestimmung der scheinbaren interlaminaren Scherfestigkeit.* Beuth, Berlin 1997

[131] REUTER, W.: *Hochleistungs-Faser-Kunststoff-Verbunde mit Class-A-Oberflächenqualität für den Einsatz in der Fahrzeugaußenhaut.* Dissertation Universität Kaiserslautern 2001

[132] LUCAS, K.: *Thermodynamik.* 5. Aufl. Springer, Berlin/Heidelberg 2006

[133] BAEHR, H. D.; KABELAC, S.: *Thermodynamik.* 14. Aufl. Springer, Berlin/ Heidelberg 2009

[134] DAHLMANN, R.: *Morphologie von RP-Teilen aus PA 12.* – Unveröffentlichte Berichte, IKV, RWTH Aachen 2010; angefordert von BMW AG, M. Blattmeier

[135] BÖGE, W. (Hrsg.): *Handbuch Elektrotechnik.* Vieweg, Braunschweig/Wiesbaden 1998

[136] BRECHMANN, G.; DZIEIA, W.; HÖRNEMANN, E.; HÜBSCHER, H.; JAGLA, D.; KLAUE, J.: *Elektrotechnik Tabellen Energie-/Industrieelektronik.* 3. Aufl. Westermann, Braunschweig 1994

[137] WILKENING, C.: *Lasersintern als Rapid Prototyping Verfahren - Möglichkeiten und Grenzen.* Dissertation Technische Universität München 1997

[138] COLLINS, J. A.: *Failure of materials in mechanical design.* 2. Aufl. John Wiley & Sons, New York 1993

[139] KAUSCH, H.-H.: *Polymer Fracture.* 2. Aufl. Springer, Berlin/Heidelberg 1987

[140] BLATTMEIER, M.; WITT, G.; WORTBERG, J.; EGGERT, J.; TOEPKER, J.: Influence of surface characteristics on fatigue behaviour of lasersintered plastics. In: *Rapid Prototyping Journal* 18 (2012), Nr. 2

[141] BLAUWITZ, D.: *Einflussgrößenanalyse zur ganzheitlichen Optimierung von thermoplastischen Bauteilen aus dem Lasersinterprozess.* – Unveröffentlichte Diplomarbeit, Universität Rostock 2010; Betreuerin (BMW AG): M. Blattmeier

[142] JUHASZ, T. J.: *Ein neues physikalisch basiertes Versagenskriterium für schwach 3D-verstärkte Faserverbundlaminate.* Dissertation Technische Universität Carolo-Wilhelmina zu Braunschweig 2003

[143] SCHÜRMANN, H.: *Konstruieren mit Faser-Kunststoff-Verbunden.* 2. Aufl. Springer, Berlin/Heidelberg 2007

[144] MICHAELI, W. (Hrsg.); WEGENER, M. (Hrsg.): *Einführung in die Technologie der Faserverbundwerkstoffe.* Hanser, München/Wien 1990

[145] EHRENSTEIN, G. W.: *Faserverbund-Kunststoffe, Werkstoffe - Verarbeitung - Eigenschaften.* 2. Aufl. Hanser, München/Wien 2006

[146] ARND, M.: *Einfluss der Abbindebedingungen auf die Struktur und das beanspruchungsabhängige Eigenschaftsprofil der Bindeschichten von Klebverbindungen.* Dissertation Universität-Gesamhochschule-Paderborn 1989

[147] HABENICHT, G.: *Kleben: Grundlagen, Technologien, Anwendungen.* 5. Aufl. Springer, Berlin/Heidelberg 2006

[148] CRAWFORD, R. J.: *Plastics Engineering.* 3. Aufl. Butterworth-Heinemann, Oxford 1987

[149] KADDAR, W.: *Die generative Fertigung mittels Laser-Sintern: Scanstrategien, Einflüsse verschiedener Prozessparameter auf die mechanischen und optischen Eigenschaften beim LS von Thermoplasten und deren Nachbearbeitungsmöglichkeiten.* Dissertation Universität Duisburg-Essen 2010

[150] KOCKER, K.: *Eine neue Prüfmethode zur Bestimmung der Faser/Matrix-Haftung bei faserverstärkten Thermoplasten.* Dissertation RWTH Aachen 1996

[151] ASSMANN, B.; SELKE, P.: *Technische Mechanik - Festigkeitslehre, Band 2.* 16. Aufl. Oldenbourg, München 2006

[152] MENGES, G.; SCHMACHTENBERG, E.: Das Deformationsmodell. In: *Kunststoffe* 77 (1987), S. 289–292

[153] SCHMACHTENBERG, E.: *Die mechanischen Eigenschaften nichtlinear viskoelastischer Werkstoffe.* Dissertation RWTH Aachen 1985

[154] SARABI, B.: *Das Anstrengungsverhalten von Polymerwerkstoffen infolge ein- und zweiachsigen Kriechens - Ermittlung von Langzeitbemessungskennwerten.* Dissertation Universität-Gesamthochschule Kassel 1984

[155] ERHARD, G.: *Konstruieren mit Kunstoffen.* 3. Aufl. Hanser, München/Wien 2004

[156] WILLIAMS, J. G.: *Stress analysis of polymers.* 2. Aufl. Ellis Horwood Limited, Chichester, 1980

[157] SCHNELL, W.; GROSS, D.; HAUGER, W.: *Technische Mechanik, Band 2: Elastostatik.* 6. Aufl. Springer, Berlin/Heidelberg 1998

[158] WILLIAMS, J. G.: Fracture Mechanics of Polymers. In: *Polymer engineering and sience* 17 (1977), Nr. 3, S. 144–149

[159] WILLIAMS, J. G.: *Fracture Mechanics of Polymers.* Ellis Horwood Limited, Chichester 1984

[160] GRELLMANN, W. (Hrsg.); SEIDLER, S. (Hrsg.): *Deformation and Fracture Behaviour of Polymers.* Springer, Berlin/Heidelberg/New York 2001

[161] FRANCK, A.: *Kunststoff-Kompendium.* 5. Aufl. Vogel Verlag und Druck GmbH & Co. KG, Würzburg 2000

[162] ENGEL, L.; KLINGELE, H.; EHRENSTEIN, G.W. (Hrsg.) ; SCHAPER, H. (Hrsg.): *Rasterelektronenmikroskopische Untersuchungen von Kunststoffschäden.* 1. Aufl. Hanser, München 1978

[163] MÜLLER, M.-S.: Vielschichtig - Laying Layer Upon Layer. In: *form* 231 (2010), S. 44–49